无麸质食品的秘密

傅玲琳 王彦波 王作金 等 编著

科学普及出版社
·北 京·

图书在版编目（CIP）数据

无麸质食品的秘密 / 傅玲琳等编著 . —北京：科学普及出版社，2022.11

ISBN 978-7-110-10520-7

Ⅰ. ①无…　Ⅱ. ①傅…　Ⅲ. ①谷类制食品　Ⅳ. ① TS213

中国版本图书馆 CIP 数据核字（2022）第 217548 号

策划编辑　王晓义
责任编辑　王晓义
封面设计　郑子玥
正文设计　中文天地
责任校对　焦　宁
责任印制　徐　飞

出　　版　科学普及出版社
发　　行　中国科学技术出版社有限公司发行部
地　　址　北京市海淀区中关村南大街 16 号
邮　　编　100081
发行电话　010-62173865
传　　真　010-62173081
网　　址　http://www.cspbooks.com.cn

开　　本　710mm × 1000mm　1/16
字　　数　50 千字
印　　张　6.25
版　　次　2022 年 11 月第 1 版
印　　次　2022 年 11 月第 1 次印刷
印　　刷　河北环京美印刷有限公司
书　　号　ISBN 978-7-110-10520-7 / TS · 151
定　　价　42.00 元

作　者

（排名不分先后）

傅玲琳，浙江工商大学

王彦波，北京工商大学 / 浙江工商大学

王作金，大连弘润莲花食品有限公司

陈　剑，浙江工商大学

李　欢，浙江工商大学

张巧智，浙江工商大学

王　翀，浙江工商大学

周瑾茹，浙江工商大学

崔　欣，浙江工商大学

王飞飞，浙江工商大学 / 浙江科技学院

张卫斌，浙江工商大学

韩军花，中国营养学会

李林芳，浙江中医药大学

马爱进，北京工商大学

张　怡，福建农林大学

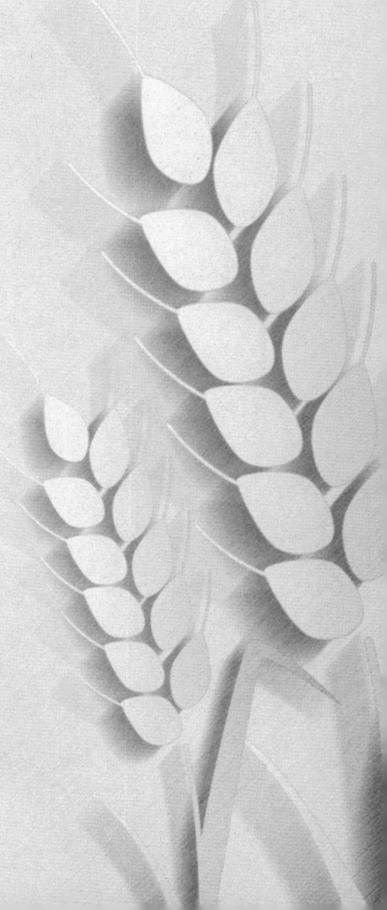

孙崇德，浙江大学

任娇艳，华南理工大学

王美霓，大连弘润莲花食品有限公司

龙　荣，大连弘润全谷物食品有限公司

班冬梅，大连弘润全谷物食品有限公司

王　任，浙江省食品药品检验研究院

范潜威，武义县检验检测研究院

俞佳迪，中国美术学院

张泽杰，中国美术学院

陈侨慧，中国美术学院

陈　铮，中国美术学院

栾嘉辉，中国美术学院

序

欣闻《无麸质食品的秘密》即将付梓，可喜可贺。这是一本介绍麸质与健康的科普书，在食品安全与健康备受关注的背景下撰写并出版，非常有意义。

麸质，通常是指小麦、大麦、黑麦等谷物中的一类蛋白质。日常生活中一部分人食用含有麸质的食物后，会出现腹痛、腹胀、腹泻、体重减轻、发育不良等症状，而且患此类病的人群还有逐年增加的趋势。这不仅引起了广泛的关注，而且对麸质与健康的研究也逐渐成为食品学科重点关注的领域之一。同时，公众对麸质与健康的现有认知和科学真相之间形成的信息真空地带，加剧了公众对麸质关联健康的忧虑和恐慌。随着消费者对麸质等食品安全的高度关注，持续加强麸质与健康相关知识的科学普及，具有重要的现实意义。

作者用通俗易懂的语言、图文并茂的形式，为

读者呈现了麸质与健康相关的知识，所述内容独具特色。《无麸质食品的秘密》包括生活中的麸质不适应症、奇妙的无麸质食品、解锁麸质的密码、人体里的奇妙旅行、探寻食品中的麸质五章，主要内容涉及麸质不适应症，儿童麸质不适应症，麸质与食品，无麸质食品的原料，无麸质食品的加工，市场上的无麸质食品，正确面对麸质不适应症，麸质真面目，小麦、大麦和黑麦的起源，麸质不适应症解决方案，食物的消化吸收，免疫系统大作战，无麸质食品标准，麸质检测，无麸质食品标识等。

这本书作为一本科普作品，将科学性融入了趣味性，对公众更科学地了解和认识麸质与健康的关系具有积极的作用。我愿意向大家推荐。衷心希望全社会形成崇尚科学、尊重知识的良好氛围，让尊重科学、尊重知识成为一种时代风尚。

中国工程院院士
宁波大学研究员
陈剑平

2022 年 8 月 8 日

引言

近年来，无麸质食品引起了广泛的关注。那么，什么是“无麸质食品”呢？这就要从“麸质食品”说起。

所谓的麸质，通常是指小麦、大麦、黑麦等谷物中的一类蛋白质。顾名思义，“麸质食品”就是由含有麸质的谷物制作的馒头、饺子、面条、包子、饼干、豆瓣酱、啤酒等食品。

那对应的“无麸质食品”又如何定义呢？所谓的“无麸质食品”，顾名思义，就是去除了麸质的食品，如无小麦面包和饼干等食品。

哈，既然麸质是一类蛋白质，那么为什么还要区分“麸质食品”和“无麸质食品”呢？

现实中，我们会遇到患有麸质不适应症的人群。通俗来讲，就是这类人群如果食用

了含有“麸质”的食品，就会感到身体不适，甚至还会有生命危险。现代研究发现，这与我们身体的消化系统和免疫系统有关。

麸质不适应症有不同的类别，其中一类被称为“乳糜泻”的最为严重，在北美、北欧国家及澳大利亚发病率较高。麸质不适应症可以影响人们正常的生活。

那我们应该如何正确面对麸质不适应症呢？有没有既能满足舌尖美味又避免麸质不适应症的解决方案呢？无麸质食品的研发就是一种方案。

众所周知，产品标准对于保证和提高产品质量，以及提高产品的经济效益，具有重要意义。无麸质食品也不例外。国内外有哪些无麸质食品的相关标准呢？围绕这些标准，相应的检测手段又有哪些？不同国家对麸质、无麸质食品等的标识要求又有哪些？

这些无麸质食品背后的故事，让我们一起来了解吧。

目录

目录

第一章 生活中的麸质不适应症

第一节　麸质不适应症

生活中，我们有时会遇到有麸质不适应症的人。这类人食用含有小麦、大麦、黑麦等麸质类食物后，通常会出现腹痛、腹胀、腹泻、体重减轻、发育不良等症状。麸质不适应症有三类：乳糜泻、小麦过敏和小麦敏感。乳糜泻是最为严重的一类。

乳糜泻

麸质不适应症人群食用了含麸质的谷物（如小麦、大麦等）及其制品（图 1.1）而诱发的具有腹痛、腹胀、腹泻等症状的一种食物过敏疾病，我们称为乳糜泻（celiac disease，CD）。据统计，乳糜泻影响着世界上约 1% 人口的健康，而且这一比例呈上升趋势。过去，我们曾认为乳糜泻的发病多见于欧洲国家和美国的白种人，但是近年来发现，乳糜泻的发病可能涉及全球人口。我国相关患者也在逐年递增。

图 1.1
生活中含麸质的食品

乳糜泻是由哪些因素引发的呢？研究发现，诱发因素主要涉及遗传因素和环境因素。遗传因素与基因有关，而环境因素主要是食用了含有麸质的小麦、大麦等谷物及其制品。目前，广泛应用于食品工业中的麸质蛋白增大了乳糜泻发生的可能。

乳糜泻的临床症状也是多样的，除了我们熟悉的胃肠道症状（图 1.2），还可能出现营养不良等症状。我们可以根据症状把乳糜泻分成症状乳糜泻、无症状乳糜泻和潜在型乳糜泻三种亚型。

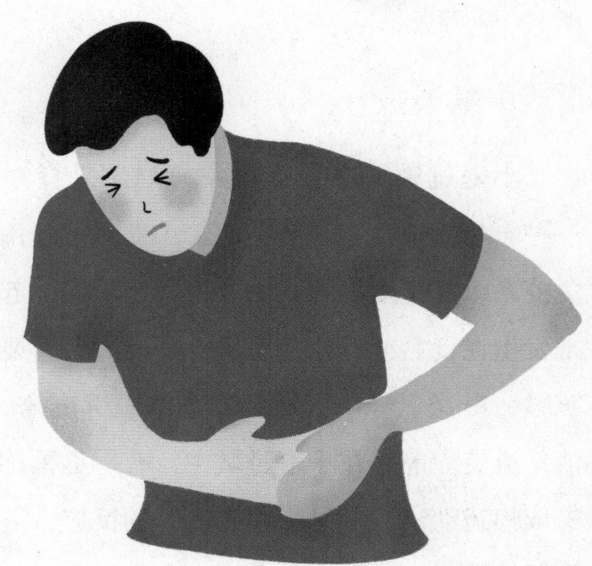

图 1.2
乳糜泻患者的临床症状

仅从临床症状，我们很容易将乳糜泻与其他常见肠胃疾病，如乳糖不耐症和肠易激综合征（irritable bowel syndrome，IBS）等混淆。因此，熟悉乳糜泻的症状并具备相应的诊断方法是至关重要的。目前诊断方法主要借助于血清检测（图 1.3）以及对无麸质饮食的反应观察等。

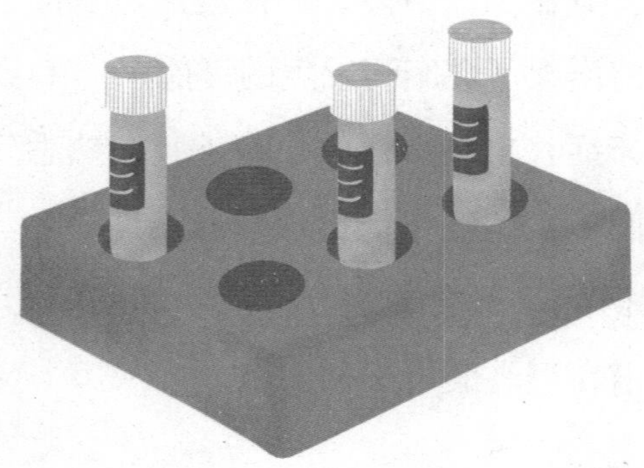

图 1.3
乳糜泻血清检测

小麦过敏

小麦过敏（wheat allergy，WA）是食物过敏的一种。与其他食物过敏类似，小麦过敏是由我们的免疫系统和小麦中的麸质蛋白发生反应引起的，常常发生在食后或身体接触后 6 小时内，主要症状有咳嗽、鼻炎、哮喘、腹痛、腹泻、荨麻疹、呕吐、消化道炎症等。在小麦过敏中，有一类被称为“小麦依赖运动诱发的过敏性休克”的反应，需要引起我们的重视。这类患者在摄入含麸质食物 6 小时内若剧烈运动，就会发生急性过敏反应（图 1.4），甚至会有生命危险，但是如果没有参加运动，就不会发作。

图 1.4 小麦过敏

小麦敏感

小麦敏感（wheat sensitivity，WS）是指患者在食用含麸质小麦及制品后，会出现各种身体不适症状，而在排除麸质接触后，症状就会减轻或消除的一类食品过敏症（图 1.5）。这是近年来才开始被医学界认可的一种病症。小麦敏感的症状也不具有典型性，同样常常表现为腹胀、腹痛、湿疹、头痛等症状。

图 1.5 小麦敏感

第二节　儿童麸质不适应症

儿童乳糜泻

乳糜泻的症状最早可出现在婴儿约 6 个月大的时候，大部分乳糜泻症状通常到 10 岁左右才会被逐渐确诊。儿童乳糜泻的症状也因个体的差异而大为不同，有的儿童症状明显，可表现为腹痛、便秘、腹泻、胀气、呕吐等，还伴随着易怒、体重异常等现象（图 1.6），当然也有的儿童乳糜泻症状并不明显。

图 1.6
儿童乳糜泻

儿童小麦过敏

与儿童乳糜泻患者不同的是，儿童小麦过敏（图 1.7）患者可以耐受其他含有麸质的谷物。儿童小麦过敏也具有家族遗传性，并且随着年龄的增长部分儿童会有不同程度的过敏症状缓解现象。据报道，小麦过敏儿童中会有约 25% 的儿童在 4 岁左右过敏症状有所缓解，约 50% 的儿童在 12 岁左右过敏症状有所缓解。

图 1.7
儿童小麦过敏

儿童小麦敏感

食用了含有麸质的小麦制作的食品后，小麦敏感的儿童会出现与乳糜泻和小麦过敏类似的症状，

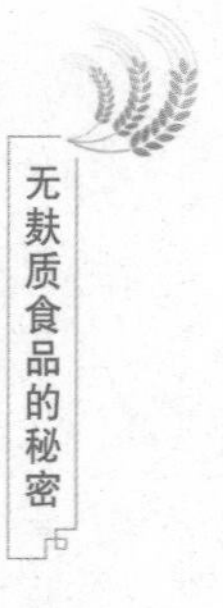

如湿疹、腹痛、腹泻、便秘等，同时也伴随着疲惫、头痛、关节痛等症状（图 1.8）。儿童小麦敏感症状个体差异也很大，相关研究已引起广泛的关注和重视，这对呵护儿童的健康非常重要。

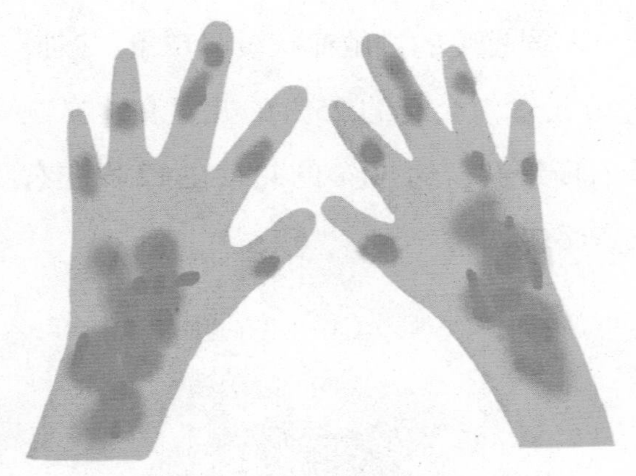

图 1.8
儿童小麦敏感

第二章 奇妙的无麸质食品

第一节　麸质与食品

什么是含麸质食品

麸质主要存在于小麦、大麦、黑麦等谷物中，因此以这些谷物为原料制成的食品就是含麸质食品，常见的包括面包、啤酒、面条、蛋糕、比萨、面饼、烤麦麸、饼干等（图 2.1）。在包装类零食生产中常常会用到含有麸质的辅料，此外，有小麦参与生产的酱油、火锅底料、豆瓣酱等产品中也可能会混有麸质成分。

图 2.1
含麸质食品

无麸质食品

如果大家细心留意超市货架上的食品，就会发现有的谷物食品上写着“无麸质”（gluten free）。那么什么是无麸质食品呢？根据国际食品法典委员会（Codex Alimentarius Commission，CAC）发布的《麸质不耐受人群特殊膳食标准》中的规定，无麸质食品是指不含麸质或麸质含量低于 20 毫克 / 千克的食品，包括天然无麸质食品，例如我们常见的豆类、水果、蔬菜、未加工肉类、鱼类、鸡蛋和乳制品等，此外还包括含麸质麦谷类食品的替代品，如玉米面条、土豆淀粉水饺、无麸质面包（图 2.2）等。欧盟，以及美国、加拿大等组织与国家对无麸

质食品的麸质限量要求和 CAC 规定一致。阿根廷对无麸质食品中麸质限量要求为低于 10 毫克 / 千克。我国针对无麸质食品的相关标准正在制定中。

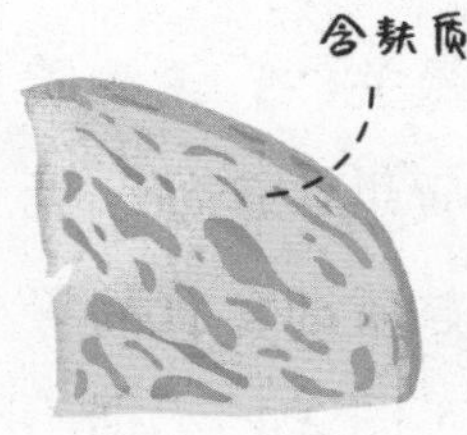

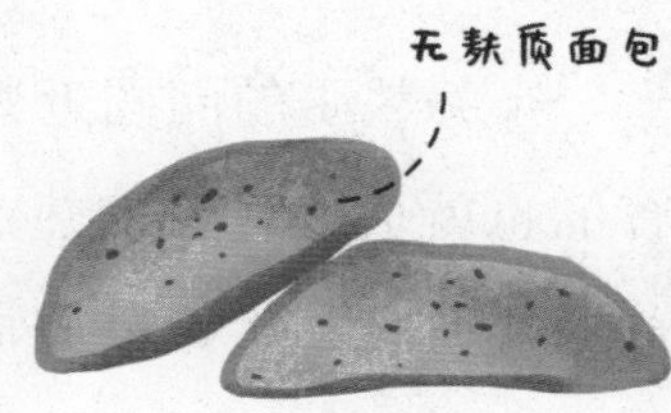

图 2.2
含麸质面包和无麸质面包

当食品中麸质的含量高于 20 毫克 / 千克而低于 100 毫克 / 千克时，也可以在包装上使用“含微量麸质”的标签（图 2.3）。据调查，目前全球范围内推出的食品和饮料中，公开用语言或文字表示的无麸质食品数量持续上升，平均年增长率超过 20%。

图 2.3
含微量麸质食品

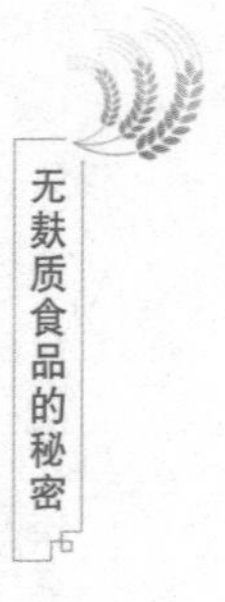

因此无麸质食品的研发也成为食品领域的一个新的方向，以逐渐满足人们的健康需求。

无麸质食品的国内外现状

有关麸质的问题近些年来备受关注，无麸质食品也就成为讨论的热点。无麸质烘焙产品、无麸质婴儿食品、无麸质面食、无麸质即食食品等越来越多地呈现在了我们的面前（图 2.4）。据不完全统计，全球无麸质食品的需求和市场正在显著扩大，随着消费人群的不断细化，无麸质饮食的生活方式也催生了新的市场。

图 2.4
无麸质食品

实践证明，乳糜泻患者需要长期食用无麸质食品（图 2.5）。据报道，乳糜泻在全球范围内的发病率约为 1%，而且发病率还在逐年上升。此外，一项研究表明，超过 80% 的乳糜泻患者并不了解自己患有乳糜泻。因此，这一问题需要引起我们足够的重视。

图 2.5
乳糜泻患者与无麸质食品

调查显示，超过 20% 的美国人在自己的饮食中加入了无麸质食品，18～49 岁的人群中这个比例甚至更高。在美国的超市中各种标注了“无麸质”标签的食品随处可见，如果以“无麸质食品”为关键词在美国的互联网上搜索，我们可以找到成千上万种商品，几乎涵盖了各个食品种类（图 2.6）。

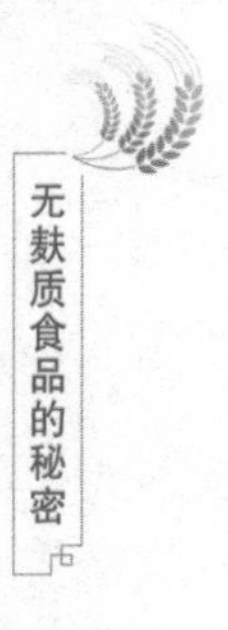

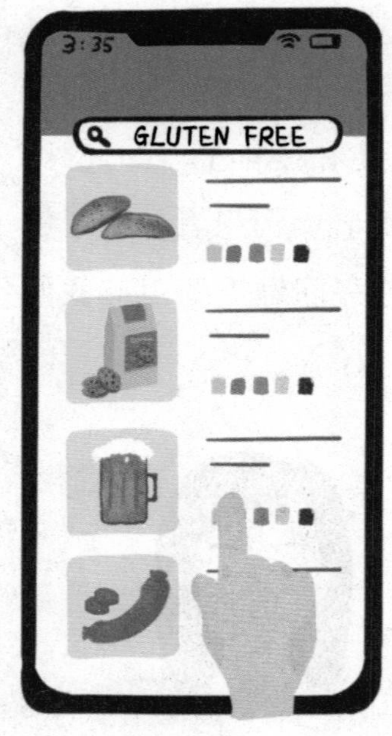

图 2.6
互联网上的
无麸质食品

澳大利亚的一项调查结果显示，在 1000 多名参与调查的成年人中，有超过 11% 的人在饮食中选择尽量避免食用小麦和相关食品，并且有约 5% 的人希望通过食用无麸质食品缓解腹痛或者腹胀（图 2.7）。英国的一项调查显示，42% 的患“肠易激综合征”的人相信自己对含麸质食品过敏，其中 15% 的人已经在食用无麸质食品。美国、澳大利亚，以及欧盟等国家和组织都陆续颁布了相关的无麸质食品法规和标准，推进了无麸质食品行业的发展。

我国关于无麸质食品的研究比较有限，相关人

图 2.7
问卷调查

群调查、营养成分和饮食质量方面的数据比较缺乏。然而，在食品原料日益丰富的今天，随着人们健康意识的提高，我国作为小麦及相关食品的消费大国，麸质不适应症患者的确诊人数也在逐年升高，且呈现地域差异。在我国以面食为主食的北方地区，乳糜泻的发病率是以米饭为主食的南方地区的 12 倍，引起了广泛关注。

我国无麸质食品的可选择种类十分有限，还没有统一的法规和标准，相关研究工作和管理规范紧迫而重要，需要大家一起努力（图 2.8）。此外，也需要加大科学普及力度，提高人们对无麸质食品的认识和理解。

图 2.8
探究无麸质食品

第二节　无麸质食品的原料

我们通常可以选择大米、玉米、高粱、荞麦、小米、马铃薯、藜麦和各种淀粉等作为无麸质食品常用的原料（图 2.9）。除此以外，栗子粉、羽扇豆粉、长豆角胚芽粉、南瓜粉、菠菜粉、胡萝卜粉等植物粉也常用于无麸质食品的制作。与小麦等含麸质原料相比，这些无麸质食品原料在淀粉、膳食纤维、蛋白质、脂肪，以及钙、铁、叶酸等成分含量上均存在差异。

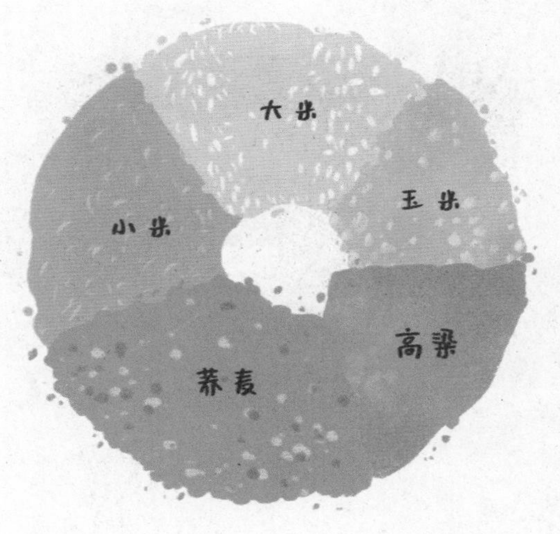

图 2.9
无麸质食品的常用原料

我们通常选择几种原料来制作无麸质食品。这些原料中既有能够保持水分并提供相对轻盈质感的淀粉成分，也有支撑食品骨架结构和密度的高蛋白成分，还有改善品质（如色、香、味等）的功能性添加剂成分。不同的原料也有着截然不同的特性，在制作无麸质食品时，我们常常需要根据想要制作的食品种类而选择不同的原料（图 2.10）。

大米

大米（图 2.11）是最常用的无麸质原料，含丰富的营养物质，也容易被消化吸收。在烘焙上，因大米粉不易形成网状结构和保留二氧化碳气体，米粉团的弹性会较差，通常可以通过添加菊粉、燕麦

图 2.10
无麸质食品制作
的原料

图 2.11　大米

纤维等改善弹性等品质。在大米中添加米糠，也能使烘焙加工后的面包外壳颜色加深，体积增大。

玉米

玉米（图 2.12）在我国各地均有种植，是优良的粮食作物，营养价值较高，维生素的含量是大米、小麦的 5～10 倍，还含有丰富的胡萝卜素、叶黄素、玉米黄质等活性物质。玉米粉可用来制作玉米饼、玉米面条等无麸质食品，深受大家的喜爱。

图 2.12 玉米

高粱

高粱（图 2.13）据说种植历史约有 5000 年，在我国南方和北方都有种植，是一种天然的无麸质食品原料。高粱粉富含纤维素、蛋白质和矿物质，可以改善加工面包的特性。

图 2.13　高粱

荞麦

荞麦（图 2.14）在中国大部分地区都有种植，适应性较强，对土壤的要求不高，主要包括甜荞和苦荞两类。荞麦的谷蛋白含量很低，主要的蛋白质是球蛋白，常与玉米、大米等原料互补使用。荞麦的糖类主要是淀粉，此外富含丰富的膳食纤维和维生素，也是制作无麸质食品的常用原料。

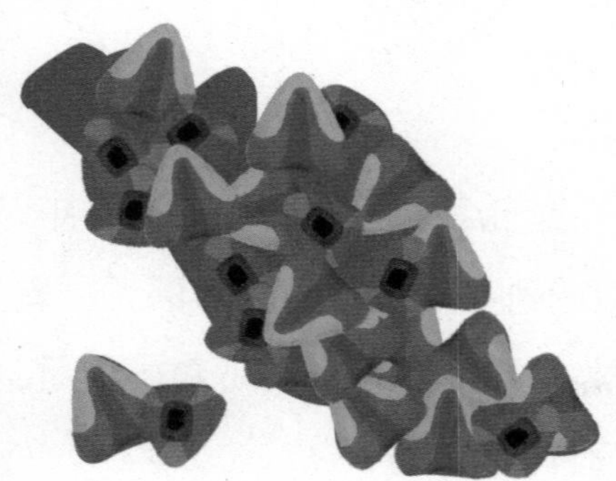

图 2.14　荞麦

羽扇豆

羽扇豆（图 2.15）俗称“鲁冰花”，原产地中海区域，含有对人体有益的活性成分，具有较高的营养价值。在欧洲，部分无麸质食品中的植物蛋白用羽扇豆粉替代，如面条、面包、香肠等制品。羽扇豆的蛋白质含量为 35%～40%，而且所含的氨基酸的种类非常多，所含的膳食纤维中 75%～80% 为可溶性纤维，此外还含有丰富的卵磷脂。

图 2.15　羽扇豆

第三节　无麸质食品的加工

通俗来讲，把可以吃的东西通过某些程序，制作成更好吃、更有益的可食用产品，就是我们经常说的“食品加工”。无麸质食品的加工过程（图 2.16）中，在调整淀粉原料和蛋白质原料比例的基础上，还常常需要再添加酶、胶体、菊粉、葡聚糖等功能性的成分，以改善和提高无麸质食品的品质。

图 2.16
无麸质食品加工

研究发现，以上这些功能成分尽管在无麸质食品原料中的含量并不高，一般含量为 1%～5%，但是作用却很大。加工过程中添加的胶体，可以改善无麸质食品的品质和结构，延长无麸质食品的保质

期。谷氨酰胺转氨酶、酪氨酸酶、淀粉酶、葡萄糖氧化酶等是无麸质食品中常用的酶，不仅可以显著改善食品的结构特性，而且对工艺特性也有积极的影响（图 2.17）。菊粉和葡聚糖等则可以提高无麸质食品的外部品质和加工稳定性，同样具有重要的意义。

图 2.17
无麸质食品中的功能成分

在适宜的条件下，利用微生物将原料经过特定的代谢途径转化为我们所需要的产物的过程，我们通常称为“微生物发酵”。它在食品加工行业发挥着巨大作用，常见的面食制作过程中的“酸面团”就是典型的例子（图 2.18）。不同酸面团可为馒头或面包等面制品带来不同风味，并可以使烘焙师制作的产品种类多样化。据报道，酸面团除了可以改善无麸质食品的工艺特性和消化性，还可以促进乳糜泻患者肠炎的恢复，这为无麸质食品提供了新的研发和加工思路。

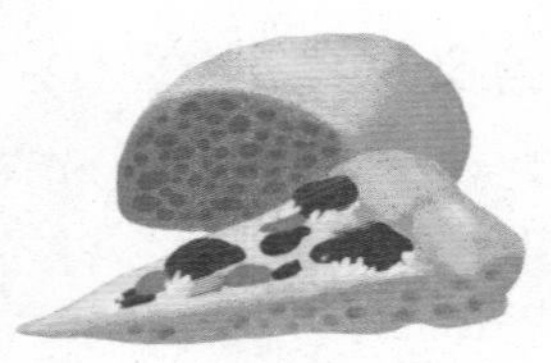

图 2.18
面食制作过程中的“酸面团”

食品加工在食品原料合理利用中非常重要。有研究发现，食品加工中的微波技术对无麸质面包的口感、外观等均有贡献，可以显著改善食品加工的工艺特性和食品的营养价值。此外，微波技术还可以提高无麸质面团中的空隙面积，使生产出的食品具有更均匀的气孔，外观特性得到了很大的提升（图 2.19）。

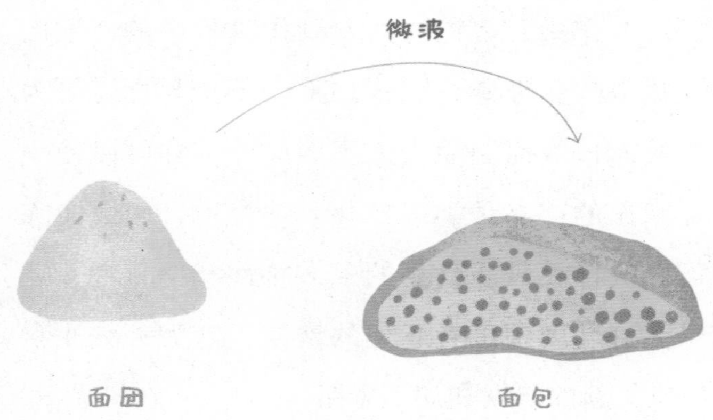

图 2.19
面团的加工

第四节 市场上的无麸质食品

在美国、澳大利亚，以及欧盟等发达国家和地区，大多数零售店、超市都有专门的无麸质食品专卖区。我国目前在京东、淘宝等线上商城销售的商品中也有无麸质意大利面、无麸质方便面、无麸质饼干、无麸质调味酱等食品销售。2022 年北京冬奥会，国产的无麸质面包也出现在了冬奥村的运动员食堂中，深受好评（图 2.20）。

图 2.20
冬奥村的无麸质面包

目前，国内外市场上的无麸质食品，根据产品的主要成分可以分为几个系列，包括纯米制品系列、杂粮米制品系列、杂豆米制品系列、蔬菜米制品系列、薯类米制品系列等。随着健康中国战略的实施，功能性无麸质食品的创新研制逐渐成为该行业的热点。

麸质不适应症患者，除了食用市场上标明的无麸质食品，在食用其他食品时，还需要留意食品包装上的配料表，如含有水解小麦蛋白、水解小麦淀粉、大麦制成的麦芽、小麦面筋粉、小麦胚芽油等的食品，建议禁用或者谨慎食用（图 2.21）。

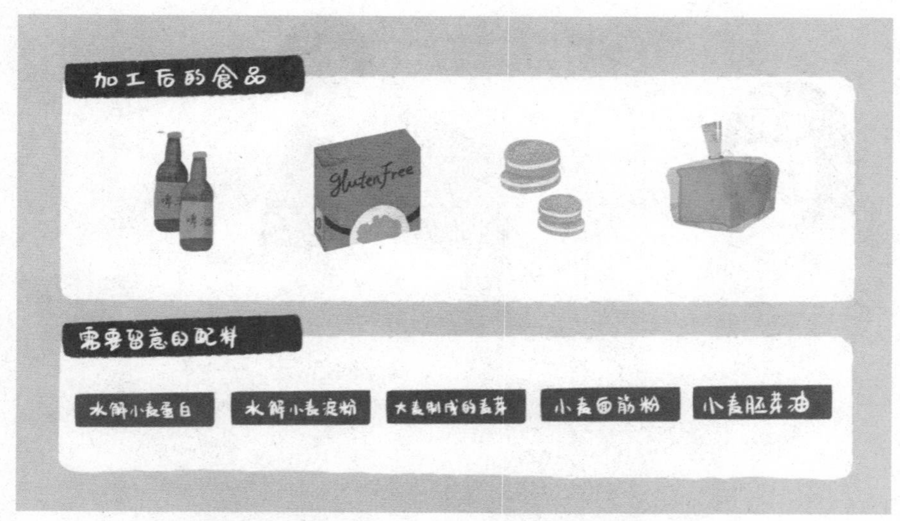

图 2.21
麸质不适应症患者
需要留意的配料

第三章 解锁麸质的密码

第一节　正确面对麸质不适应症

我们的身体与健康

许多情况下，我们的身体从健康到患病是一个积累的过程。当外界致病因素作用于我们的身体，达到一定强度或持续一定时间，也就是说，致病因素有了一定量的积累时，就会引起我们身体的损伤，身体的某些功能、代谢、形态结构等就会出现异常（图 3.1）。麸质不适应症同样如此。

图 3.1
人类与疾病

我们都知道进化是指事物从简单到复杂、从低级到高级逐渐发展变化的过程，我们的身体在进化过程中也在不断发生着变化。基因（图 3.2）通常也被称为“遗传因子”，支持着我们生命的基本构造和性能。其实，身体各种各样的特征和变化都有它的基因基础。但是，光有基因是不够的，基因是内因。这些身体变化还跟环境有关，环境

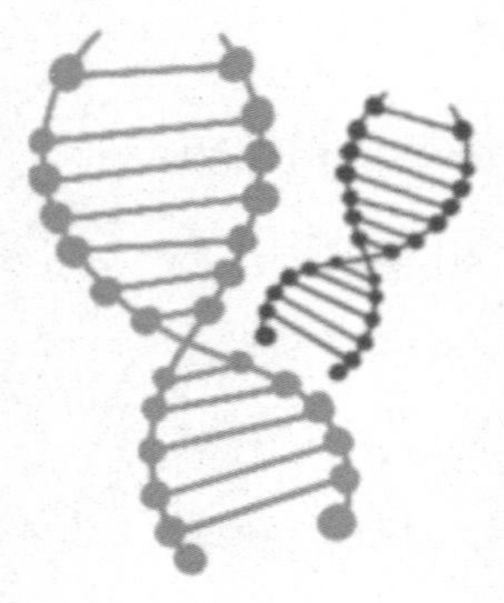

图 3.2　基因

DNA

是外因。由此看来，正是内因和外因共同作用导致了包括麸质不适应症在内的疾病。

同样，大家熟悉的身高、肥胖、糖尿病、哮喘等也都和基因，也就是内因，有关。有研究发现，如果父母的个子高，孩子个子高的可能性非常大（图 3.3）。当然，作为外因的环境对孩子身高也有很重要的影响，即便基因很好，如果后天的营养、睡眠等不佳，也会极大地限制孩子身高。所以，一个人如果基因不是太好的话，注意改善自己的生活方式，同样可以健康地长个儿。

图 3.3
快乐的一家人

积极面对麸质不适应症

“症状”和“体征”是我们经常听到的两个词汇。其中，“症状”通俗来讲就是我们自己感觉到的身体不适应以及异常的变化，比如腹胀、头痛、耳鸣等；“体征”则是医生检查我们的身体时所发现的异常现象。当我们察觉到身体故障的信号（图3.4）时，就应当正确面对。

图 3.4
察觉身体故障

实践证明，我们能不能正确对待身体故障，对身体的发展变化有着重要影响。麸质不适应症和其他身体故障一样，也有一个发生、发展的过程，尽

管乳糜泻、小麦过敏和小麦敏感三类麸质不适应症的发生原因和表现形式并不完全相同。这就需要我们有一个良好的心态，从内因和外因两方面综合考虑不同的治疗和防控策略（图 3.5）。

图 3.5
积极面对麸质不适应症

健康其实是选择包括饮食在内的不同生活方式的结果。它需要我们随时关注自己体内各功能的变化和需要，并积极调整生活策略（图 3.6）。在进化过程中，我们一直在竭尽全力地适应环境的变化，面对麸质不适应症，我们的身体也会在动态的过程中寻找平衡，努力实现身心的整体健康。

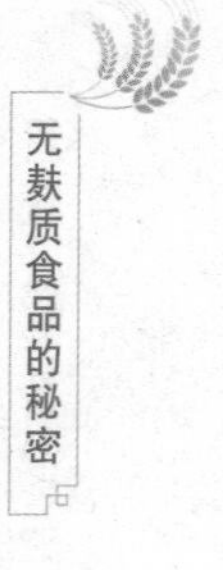

图 3.6
健康生活方式的选择

第二节　麸质真面目

麸质的化学本质

“麸质”（gluten）到底是什么呢？简单来说，它是我们所熟悉的蛋白质中的一类。对咱们中国人来说，它就是俗称的“面筋”，可以给面食带来“劲道”的口感。从化学组成上看，“麸质”是一系列蛋白质的混合物，主要包括叫作“醇溶蛋白”（gliadin）和“谷蛋白”（glutenin）的两类蛋白质（图 3.7）。另外，前面讲过，无麸质食品并不是食品中的麸质含量为零，这一点需要大家记住！

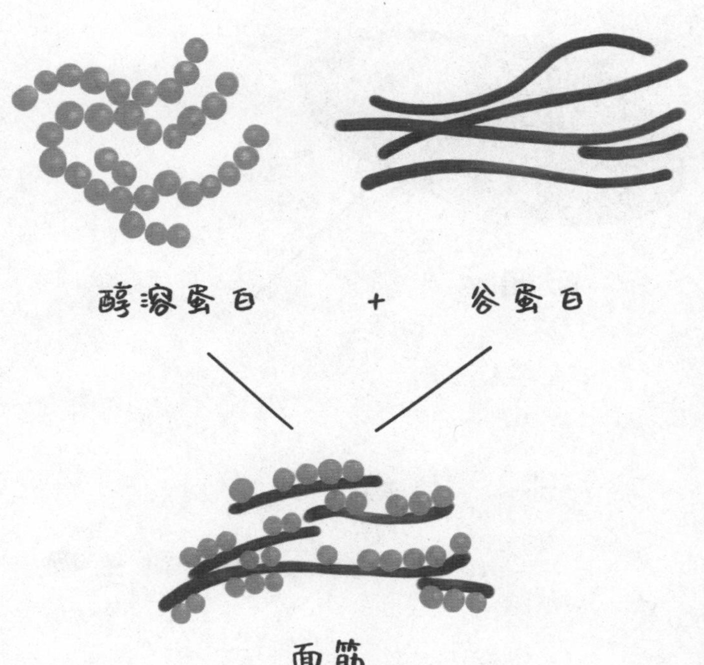

图 3.7
麸质的本质

食品中的麸质

麸质可以影响小麦、大麦和黑麦等谷物面团的特性，同样也可以影响相关食品的制作。在面团加工时，醇溶蛋白和谷蛋白会结合在一起，形成一种黏稠的物质——面筋，这也是面包等食品具有很好口感的原因。

当然，麸质还有其他本领。它可以通过将一种被称为“酵母”的微生物（图 3.8）形成的气泡“捕获”到面团中，从而使加工后的面包

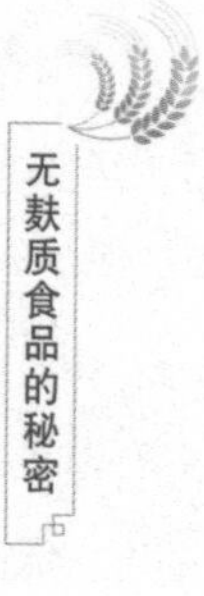

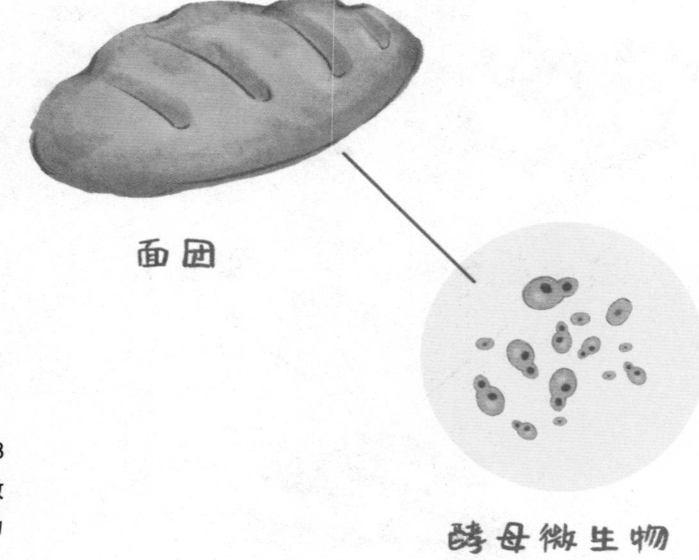

图 3.8
面团中的酵母微生物

体积增加，吃起来更加松软。科学的描述就是，“麸质”水合作用形成了三维蛋白结构。

尽管被称为“面筋”的麸质也是一类蛋白质，但是对有些人来说，这一类蛋白质却给他们的生活带来了不便，使他们身体不适（图 3.9），甚至还会有生命危险。这就是我们前面讲述的“麸质不适应症”。乳糜泻就是其中最严重的一类麸质不适应症。

图 3.9
麸质不适应症

麸质存在的部位

前面我们提到，麸质存在于小麦、大麦和黑麦等谷物中，那么具体存在谷物的哪个部位呢？以小麦为例，小麦的可食用部分主要由三部分组成（图 3.10）：第一部分是作为外壳的“麸皮”，我们熟悉的“膳食纤维”占据了麸皮的大部分；第二部分是富含油脂和维生素的“胚芽”，虽然占比不大，但是却是营养物质的浓缩地；第三部分是占小麦比重最大的“胚乳”，富含淀粉和蛋白质，我们平时吃的面粉，多是这部分磨制而成。既然麸质是蛋白

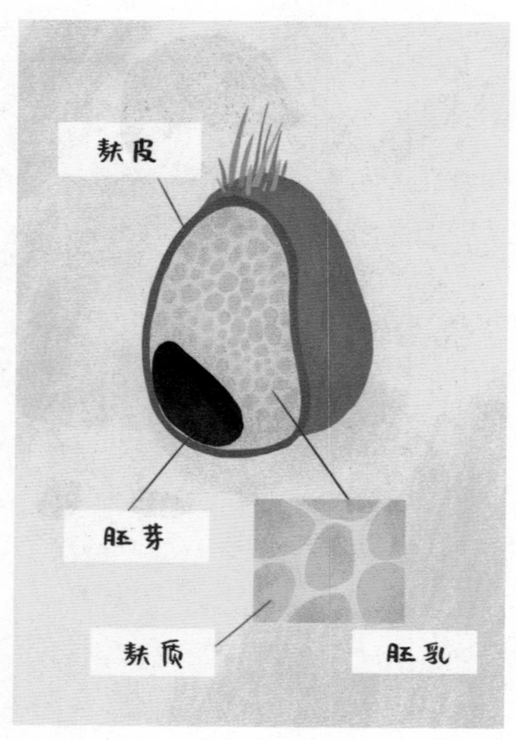

图 3.10
小麦的可食用部分

质的一类，那么麸质存在的具体部位自然就在胚乳中了。

在日常生活中，“麸质”还常常被用来作为不同用途面粉的分类标准呢。我们在超市中常看到的低筋面粉、中筋面粉和高筋面粉（图 3.11），就是按照麸质的含量分类的。麸质含量越高，揉出的面就越有韧劲儿。不同麸质含量的面粉有不同的用途：低筋面粉比较适合用来做蛋糕、饼干、蛋挞等食品；中筋面粉是最普通的面粉，可以用来做包

子、饺子、馒头、面条等食品；高筋面粉又叫强力粉，适合做面包、比萨、油条等食品。原来面粉还有这么多的学问！

图 3.11
超市中的面粉

第三节　小麦、大麦和黑麦的起源

小麦是什么

也许你不认识小麦，但肯定吃过小麦面粉做成的馒头、面条、饺子等美食（图 3.12）。小麦有一个"大家庭"，共 20 多种，最有代表性的是普通小麦。普通小麦又有白小麦和红小麦、硬质小麦与软质小麦，以及冬小麦与春小麦之分。再说一句，小麦是我们的主要粮食作物之一。

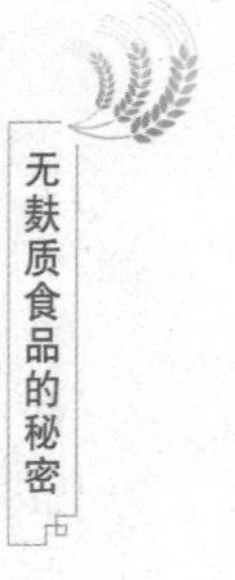

图 3.12
小麦及小麦制品

麦粒，是小麦的果实，也叫颖果，可以磨成面粉食用，也可以酿酒，还可以当作生物质燃料。中文的“麦”是怎么来的呢？据记载，小麦最早的称呼是“來”。“來”字形似麦穗，当在其下加一个像小麦根的“夂”字，“麥”字就出现了（图 3.13），只不过这是小篆体，到隶书时就变为“麦”了。

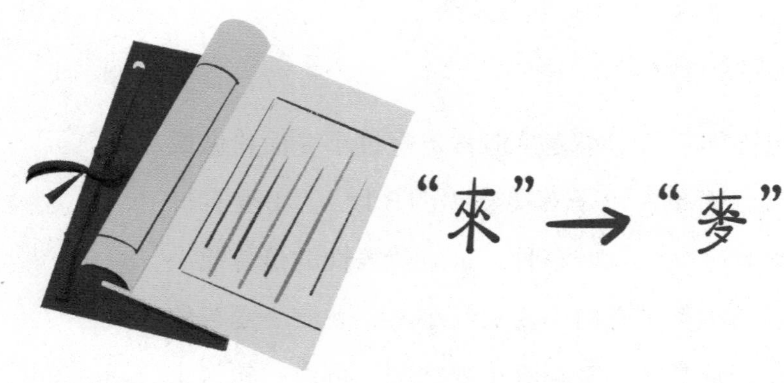

图 3.13
汉字“麦”的由来

小麦在世界的传播

从世界范围来看，原始农业最早出现于西亚地区，在当今的土耳其地域，考古发现了距今约 1 万年的小麦遗迹。中国的小麦最早出现于距今约 5000 年，证据是在甘肃省民乐县东灰山遗址和安徽省亳州市钓鱼台遗址中，分别发现了距今大约 5000 年的碳化小麦颗粒（图 3.14）。

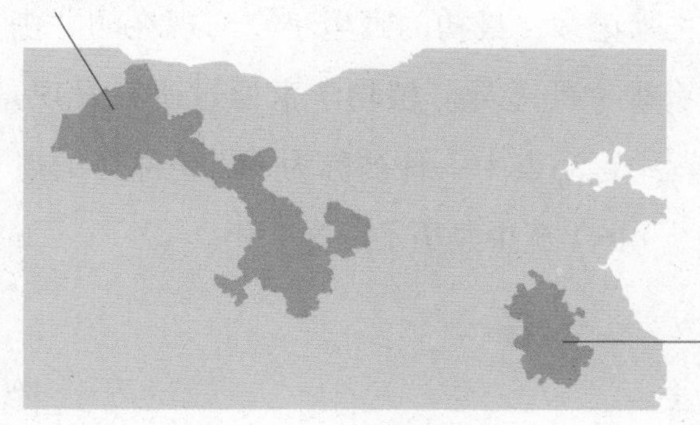

图 3.14
我国碳化小麦颗粒的发现地区

据学者研究，小麦起源于由伊朗高原、美索不达米亚平原、小亚细亚半岛和阿拉伯半岛等组成的西亚地区。不利的气候和地理条件使西亚地区包括小麦在内的自然食物资源极为匮乏，于是在 1 万多年前人类的祖先不得不开始进行野生植物的驯化和种植（图 3.15），野生小麦就这样走进了人

图 3.15
野生小麦的驯化和种植

类的视野。

结合文献记载，最初的野生小麦与现在的“普通小麦”有很大的差异。植物学家通过研究发现，在这个过程中，小麦中一种被称为“染色体”的遗传物质（图 3.16）至少经历了三次变化。

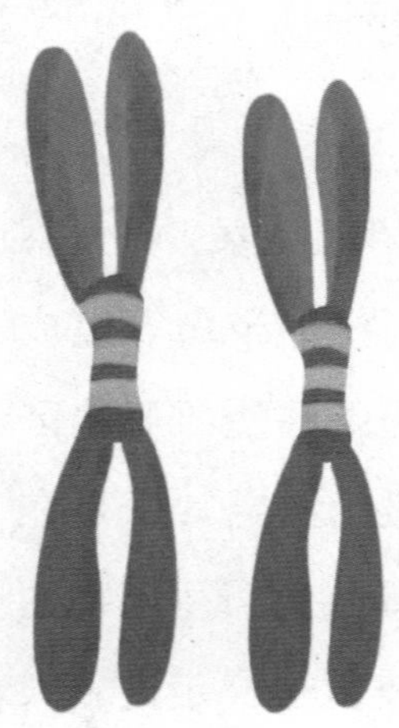
图 3.16
染色体

小麦的种植也逐渐使人们的生活方式从采集与狩猎向种植和养殖转变。人类生活得到了保障之后，人口数量便爆发式增长起来。

西起今天的巴勒斯坦、约旦、叙利亚等地，向东延伸直到两河流域的地区，由于在地图上形似一弯新月，所以被称为“新月沃地”（图 3.17）。底格里斯河和幼发拉底河是这片土地上最著名的河流，尽管河水经常泛滥，却在沿岸形成了适于农耕的肥沃土壤，小麦等作物得以蓬勃生长。

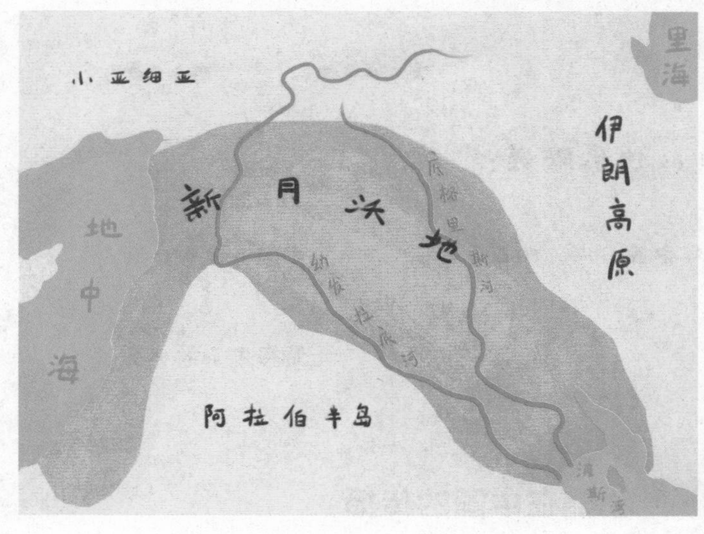

图 3.17
新月沃地

约 5000 年前，为了躲避战乱，小麦的种子被带到了古埃及。与此同时，小麦种子也被传播到了遥远的东方，在我国西北地区开始扎根，同时也对我国当时人们的生活方式及历史进程产生了深远的影响。考古学初步揭示，小麦传入我国至少有两个途径，分别是绿洲通道和草原通道（图 3.18）。绿洲通道的传播路线为西亚—中亚—帕米尔高原—塔里木盆地南北两侧的绿洲—河西走廊—黄土高原地区；草原通道的传播路线为西亚—中亚—欧亚草原—中国北方文化区—黄河中下游地区。

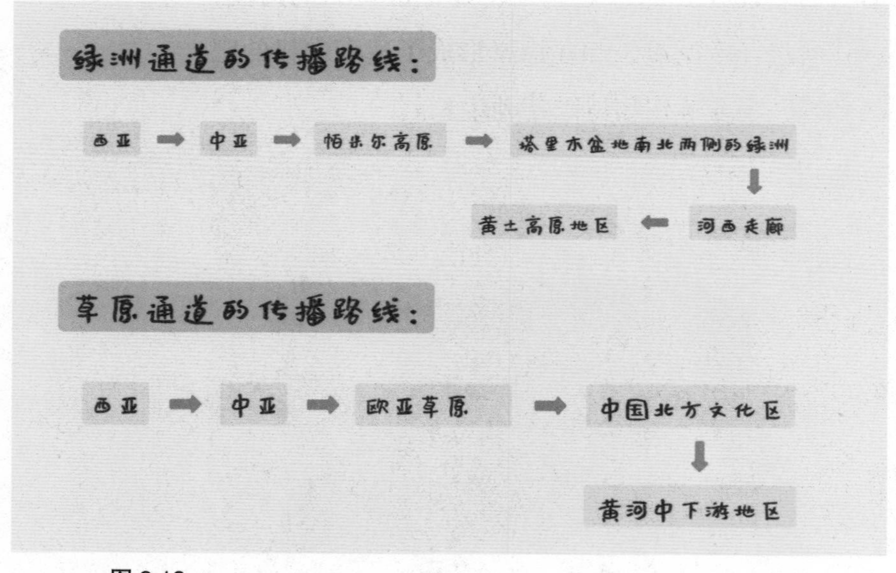

图 3.18
小麦传入我国的可能途径

小麦在中国的传播

从最早“麦”字在甲骨文中出现（图 3.19），到《诗经 · 周颂 · 思文》中的“贻我来牟，帝命率育，无此疆尔界”，再到明朝时期《天工开物》记载的“西极川、云，东至闽、浙、吴、楚腹焉，方长六千

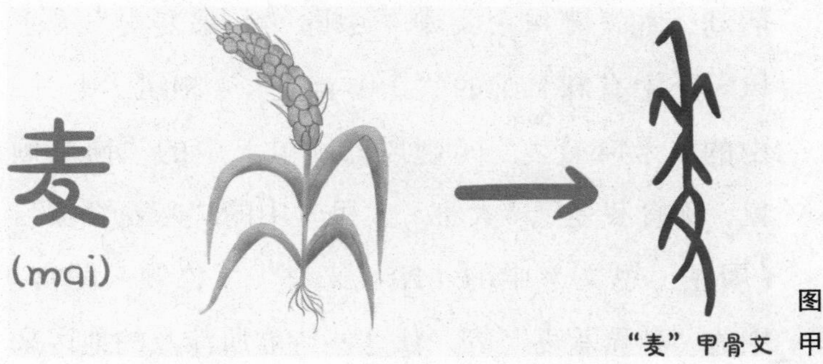

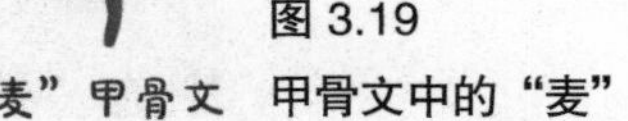

图 3.19
甲骨文中的“麦”

里中种小麦者，二十分而一”，小麦的种植贯穿了我国的农业历史。小麦的传播也早已成为我国农耕文明必不可少的一部分。

我国古代最早的百科词典《广雅》中有记载，“大麦，麰也，小麦，麳也”（图 3.20）。依此推断在殷商时代就有了大麦和小麦种植。我国古代诗歌集《诗经》中也有多处提到了麦类作物的生产

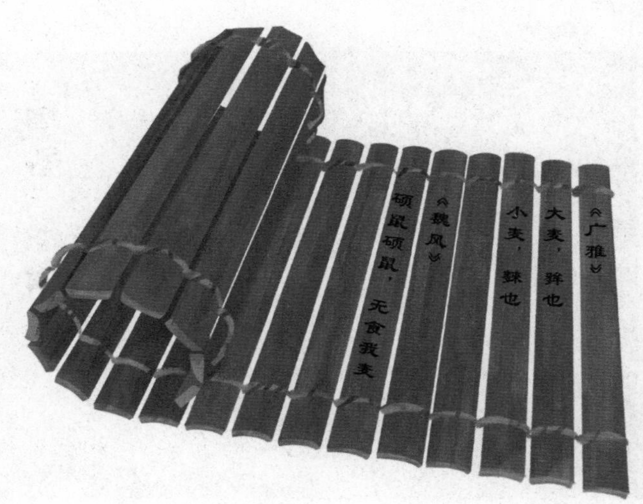

图 3.20
古代麦类作物生产活动的记载

活动，如《鄘风·桑中》中的“爰采麦矣”,《王风·丘中有麻》中的“丘中有麦”,《豳风·七月》中的“禾麻菽麦”,《魏风·硕鼠》中的“硕鼠硕鼠，无食我麦”,《大雅·生民》中的“麻麦幪幪”,《周颂·思文》中的“贻我来牟”,《鲁颂·閟宫》中的“稙穉菽麦”等。从这些诗歌所涉及的地区来看，公元前6世纪以前，我国黄河中下游地区就应该有种植小麦的活动了。

根据《周礼·职方氏》记载：河南曰豫州，其谷宜五种（黍、稷、菽、麦、稻）；正东曰青州，其谷宜稻麦；河东曰兖州，其谷宜四种（黍、稷、麦、稻）；正北曰并州，其谷宜五种（图3.21）。这说明我国在战国时期小麦的种植范围包括了黄淮流域、内蒙古高原南部和华北平原北部地区。

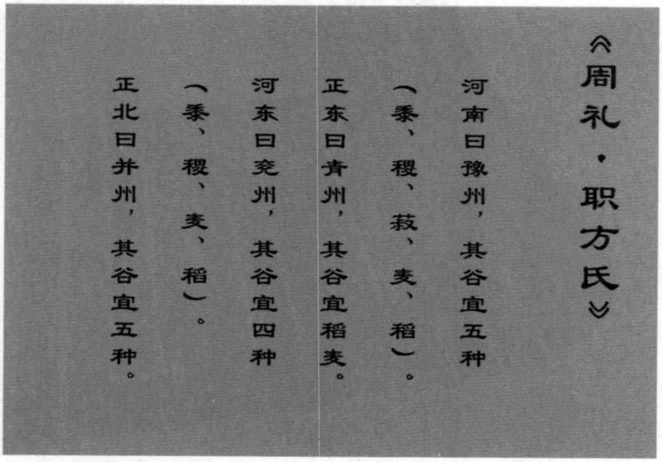

《周礼·职方氏》

河南曰豫州，其谷宜五种（黍、稷、菽、麦、稻）。

正东曰青州，其谷宜稻麦。

河东曰兖州，其谷宜四种（黍、稷、麦、稻）。

正北曰并州，其谷宜五种。

图 3.21
《周礼·职方氏》中关于麦的记载

西汉时代，把秋播夏收的冬小麦称为“宿麦”，这在《淮南子》和《汉书·食货志》中均有记载；《氾胜之书》中春播秋收的春小麦则称为“旋麦”。汉武帝末年，董仲舒还曾向汉武帝上书，“今关中俗不好种麦”，大致的意思是关中（现在位于陕西省中部）人大多数还没习惯种植小麦。到了西汉末年汉成帝时期，在著名的农学家氾胜之的推广之下，小麦种植技术才得到了普及（图 3.22）。

图 3.22
小麦种植技术的普及

魏晋南北朝时期，冬小麦随着北方人的南下而逐步向南传播。不过，小麦在江南地区的发展较为缓慢。《三国志》中有关于江南面食的早期记载。据说，当时吴国的国主孙权招待蜀国使者的酒席上就出现了面食。唐朝，小麦种植进一步扩展，诗人白居易的名篇《观刈麦》中“夜来南风起，小麦覆陇黄”一句，就生动形象地描述了小麦的丰收景象（图 3.23）。随着人们饮食习惯的变化，宋朝出现了当地农民“竞种春稼，极目不减淮北”的盛况。明代，小麦已在全国各地种植。

图 3.23
小麦的丰收

大麦的起源

我们常见的啤酒就是以大麦为主要原料生产的（图 3.24）。和小麦一样，大麦也是世界上古老的种植谷物，同时也是许多国家和地区的主要粮食和饲料作物。大麦最初是一种野生植物，在百科词典《广雅》中有记载，不过，世界上对大麦的起源地还存在争议。根据考古、语言、宗教、民族传统和藏、汉、羌民族发展历史的研究，我国在新石器时代中期（约公元前 3000 年）就已经在现今青海省的黄河上游开始种植大麦。我国藏族地区的传统食品“糌粑”几乎全是大麦或者青稞制成的。

图 3.24
大麦及大麦制品

黑麦的起源

黑麦（图 3.25）在形态上与小麦和大麦类似，同样也是一种较为重要的种植谷物，可用于制作面粉、面包、啤酒、饼干等。黑麦在德国、波兰、俄罗斯、土耳其、埃及等国家都有相当大的种植面积。在我国，黑麦主要种植于北方山区或较寒冷地区。对黑麦的起源，由于考古发现较少，迄今还没有定论，有专家估计黑麦大约在公元前 3000 年在中亚开始种植，在公元前 2500 年至公元前 2000 年

被引入欧洲。不过，黑麦在我国西南和西北山区推广已经是 19 世纪以后的事情了。

图 3.25　黑麦

第四节　麸质不适应症解决方案

小麦品种的培育与筛选

既然小麦中的麸质是引起部分人群不适应症的原因，那么从理论上来说我们只要培育出不含麸质的小麦品种就可以解决麸质不适应症。通过对小麦的遗传物质进行分析发现，通过分子育种（图 3.26）的方法培育低致乳糜泻小麦具有很大的潜力。

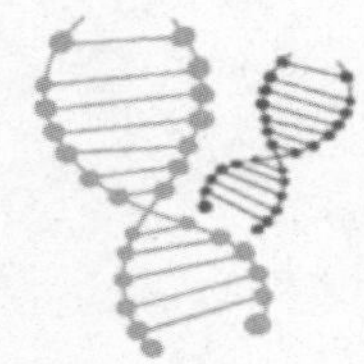

图 3.26
小麦品种的培育

在小麦的实际种植过程中，我们还需要建立涉及化肥、农药等的更完整和有效的环境管理体系，提升小麦品种的筛选（图 3.27）效率，真正实现低致乳糜泻小麦品种的培育，并努力做到经济效益和社会效益的双赢。

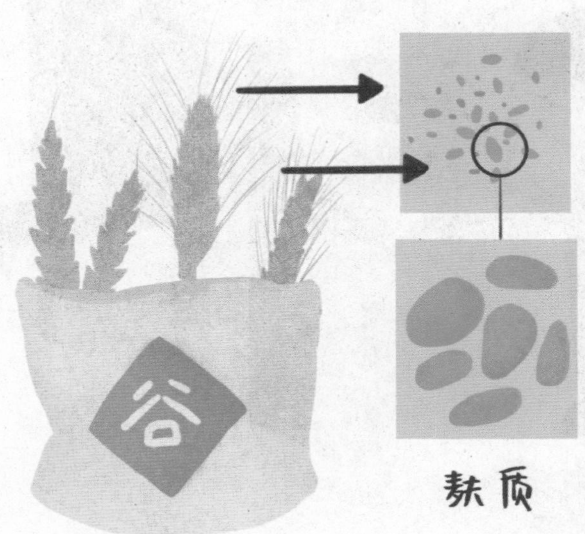

图 3.27
小麦品种的筛选

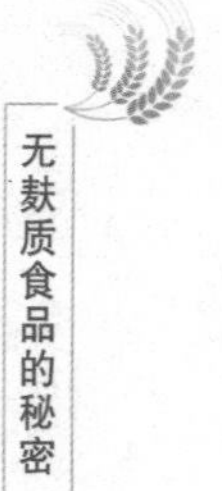

食品中麸质的消减

既然食品中麸质是一类蛋白质，那么我们可以通过物理、化学和生物的食品加工方法（图 3.28）消减食品中可引起不适应症的麸质，满足部分人群的生活需求。通常食品加工中的物理方法主要包括热、超高压、辐照、超声波、高压脉冲电场等；化学方法涉及糖基化、甲基化、磷酸化、酸碱水解等；生物方法主要涉及酶、微生物等的使用。麸质的结构改变与不同的加工方式、加工程度、加工时间，以及盐、糖等成分的存在情况有着显著的关联。

图 3.28
食品加工设备

益生菌与麸质不适应症

研究发现,“益生菌”等活性物质可以缓解麸质不适应症患者的症状。这一发现引起了越来越多的关注。近年来,国内外越来越多的研究人员聚焦于这类被称为“益生菌”的有益微生物(图 3.29)。他们发现,许多微生物和微生物在生长过程中产生的部分物质,具有很好的缓解麸质不适应症的生理功能。目前发现的这类益生菌主要包括双歧杆菌、乳酸菌等。

图 3.29
益生菌大家庭

无麸质饮食

对患有麸质不适应症的人群,遵循无麸质饮食(图 3.30)是最佳选择。特别是对症状最为严重的乳糜泻患者，无麸质饮食仍然是目前治疗的有效方法。因此，如何开发出更加健康、口感更好的无麸质饮食引起了广泛的关注。美国、加拿大、澳大利亚，以及欧盟等国家与组织就非常重视无麸质饮食，越来越多的餐厅也开始提供无麸质食物。这极大地推动了无麸质食品行业的快速发展。

图 3.30
无麸质饮食

第四章 人体里的奇妙旅行

第一节 食物的消化吸收

我们的消化系统

我们的消化系统主要包括消化管和消化腺两大部分（图 4.1）。我们熟悉的口腔、咽、食管、胃、小肠和大肠都属于消化管，其中小肠主要包括十二指肠、空肠、回肠，而大肠则主要包括盲肠、结肠、直肠。消化腺包括分布在消化管的管壁内的小消化腺与唾液腺、肝脏和胰腺等大消化腺。

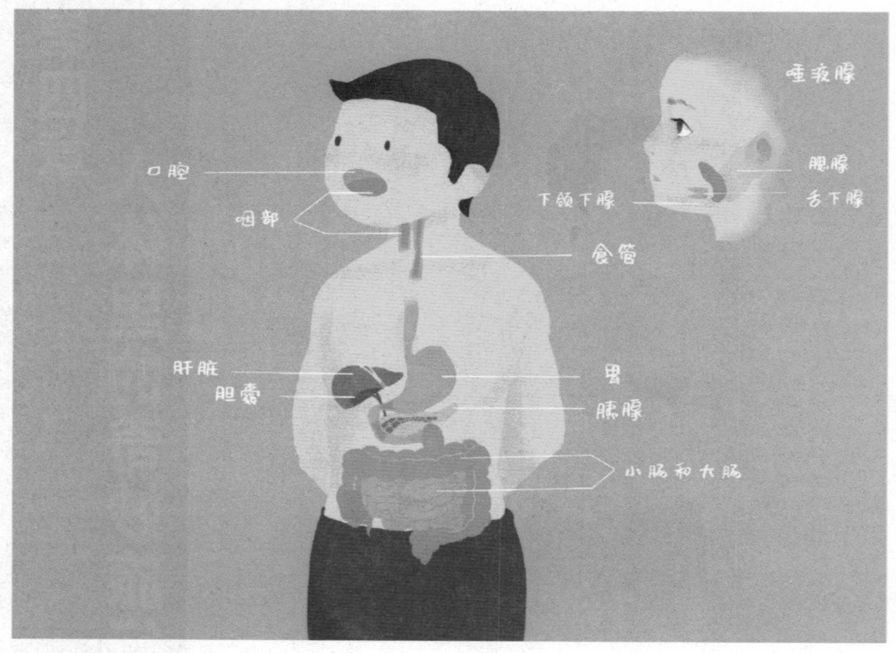

图 4.1
我们的消化系统

消化系统的功能

顾名思义，消化系统的基本功能就是完成食物的消化和吸收，以提供我们身体所需要的物质和能量。当食物进入我们身体后，水可以被直接吸收利用，其余的营养物质，如蛋白质、脂类、糖类等，均不能被直接吸收利用，需要在消化系统内分解为结构更简单的小分子物质（图 4.2），才能被吸收利用，而没有被吸收的残留部分，则会通过消化系统的末端以粪便形式排出体外。

图 4.2
肠道中的小分子营养物质

那么，什么是“消化”呢？实际上通俗来讲，消化就是食物在消化管内被分解成结构简单、可被吸收的小分子物质的过程，比如食物中的糖类被分解为单糖，蛋白质被分解为氨基酸，脂类被分解为甘油及脂肪酸等。我们经常听到的“吸收”，与“消化”密切关联，它是指消化后的小分子物质透过消化管上的细胞进入我们身体中的血液和淋巴液的过程（图 4.3）。

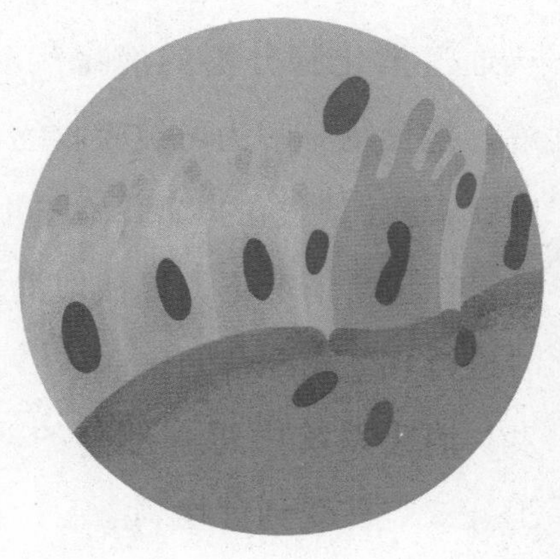

图 4.3
营养物质的吸收

消化方式主要包括机械性消化和化学性消化。

机械性消化可通过消化管壁肌肉的活动，将食物磨碎，使食物与消化液充分混合，并使已经被消化的食物成分与消化管壁紧密接触以便于被吸收，使不能被消化的食物残渣通过消化道末端排出体外（图 4.4）。

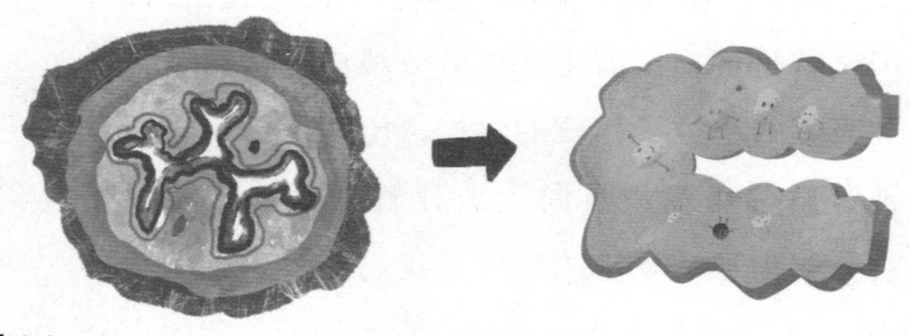

图 4.4
机械性消化 消化管壁横截面 消化管壁收缩活动

化学性消化不同于机械性消化。这种消化方式通过消化腺分泌的消化液对食物进行化学性分解，把食物分解为可被吸收的小分子物质。消化液中就有我们熟悉的“酶”（图 4.5）。

在正常情况下，机械性消化和化学性消化是同时进行、互相配合的。

消化系统中每一部分的功能也有着细致的分工。口腔在受到食物刺激后，会分泌唾液，嚼碎后

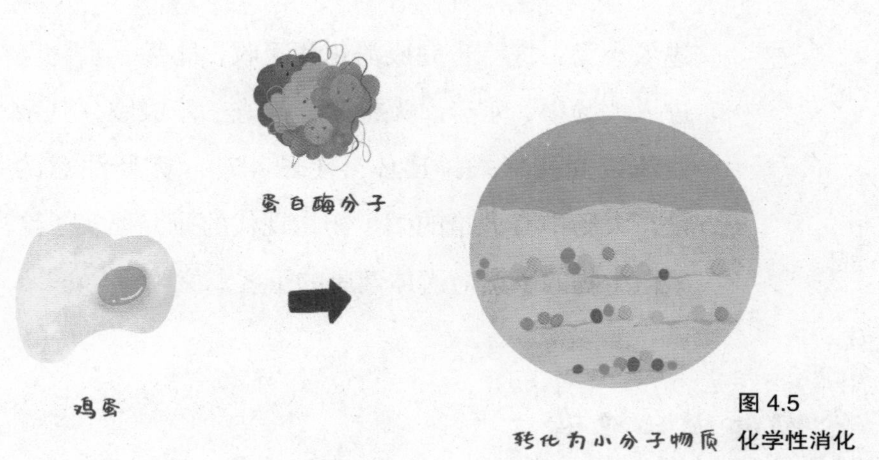

图 4.5
化学性消化

的食物与唾液混合，借唾液的润滑作用通过食管。此外，唾液中还含有被称为“唾液淀粉酶”的物质，这种酶能部分分解食物中的糖类化合物等。

消化系统中的“咽”是完成吞咽这一动作的部位。食物通过咽进入食管，再进入胃中。胃借助分泌的胃液容纳和消化食物（图 4.6）。接下来，食物

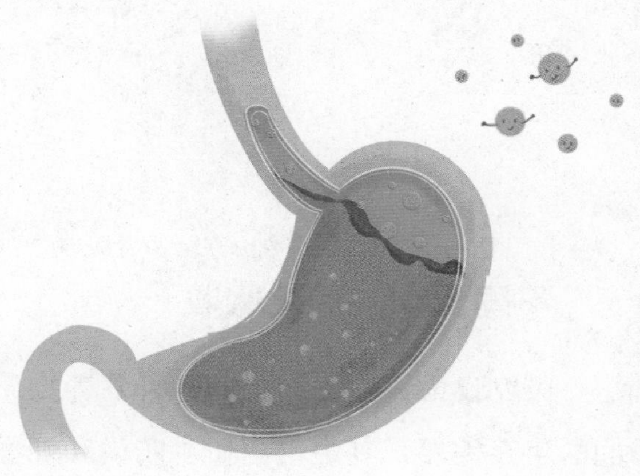

图 4.6
食物在胃中的消化

进入小肠，进一步完成消化和吸收。之后，食物糜进入大肠中，水分、无机盐等被进一步吸收，其余残渣以粪便形式排出体外（图 4.7）。需要注意的是，大肠中有大量的微生物，现代的研究证实了这些微生物的平衡对人体健康的重要意义。

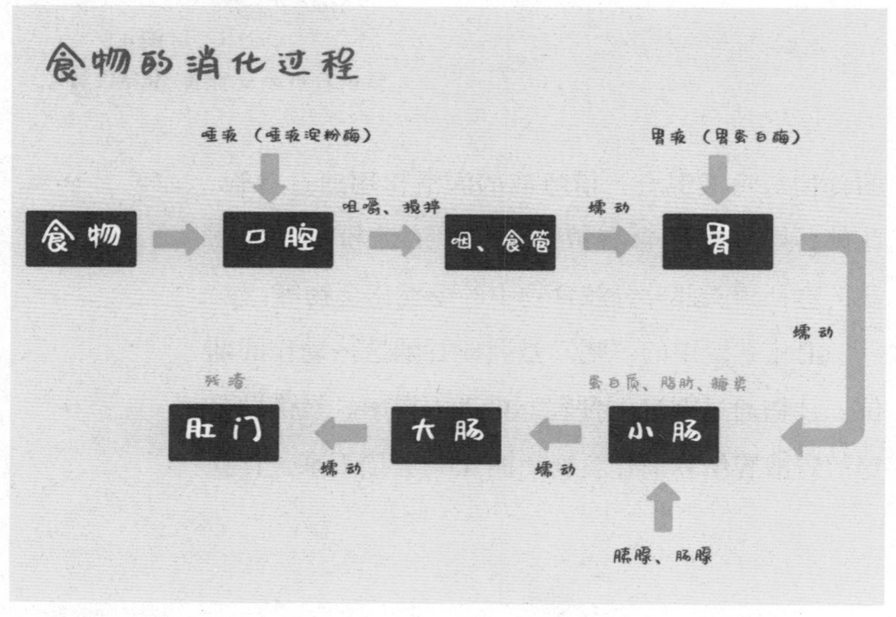

图 4.7
食物的消化过程

不同食物的消化吸收

民以食为天。食物中的各种营养物质能满足人们的生存需要，其中蛋白质、脂类和糖类等是重要

的必需营养素。什么是“必需营养素”呢？它通常指的就是人体内不能合成或者合成不足，必须从食物中获得的营养素（图 4.8）。除了以上三类，比较重要的必需营养素还包括水、矿物质和维生素。

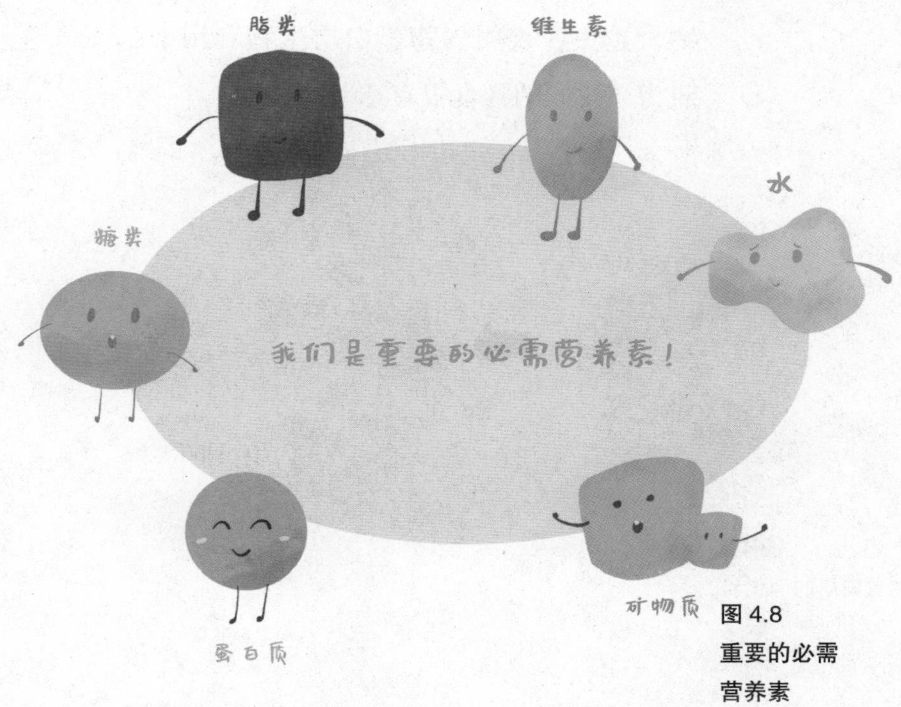

图 4.8
重要的必需营养素

蛋白质（protein）作为重要营养素之一，是一切生命的物质基础。可以说，没有蛋白质就没有生命。食物中蛋白质的消化从胃开始，但被消化吸收的主要场所在小肠，其在小肠中被分解成氨基酸后，再被运送到我们的组织和器官中被利用（图 4.9）。现代研究发现，少数蛋白质大分子和多肽也可以被直接吸收。食物中的蛋白质消化吸收后被我们身体利用的程度可以用一个被叫作“蛋白质生物价”的指标来反映。蛋白质生物价表示食物蛋白质消化吸收后被机体利用的程度，生物价越大，表明食物蛋白质生物利用率越高。这对指导我们的膳食很有意义。

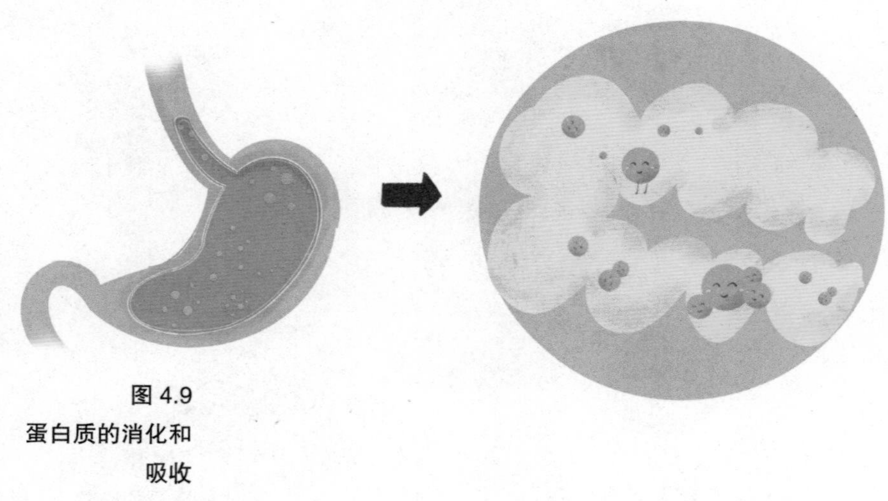

图 4.9
蛋白质的消化和吸收

脂类（lipid）通常指的是一类不溶于水而溶于大部分有机溶剂的物质。脂类同样也是重要的营养素。食物中的脂类主要是指一种被叫作“三酰甘油”的化合物。口腔中的脂肪酶可以水解部分食物中的脂类。脂类在成人的胃中几乎不能被消化，而是主要在小肠内被水解消化。未消化的少

量脂肪则随胆汁酸由粪便排出（图 4.10）。脂肪在体内水解后可以以“乳糜微粒”的形式通过淋巴系统运送到各种组织被吸收，或者直接被吸收到小肠细胞。

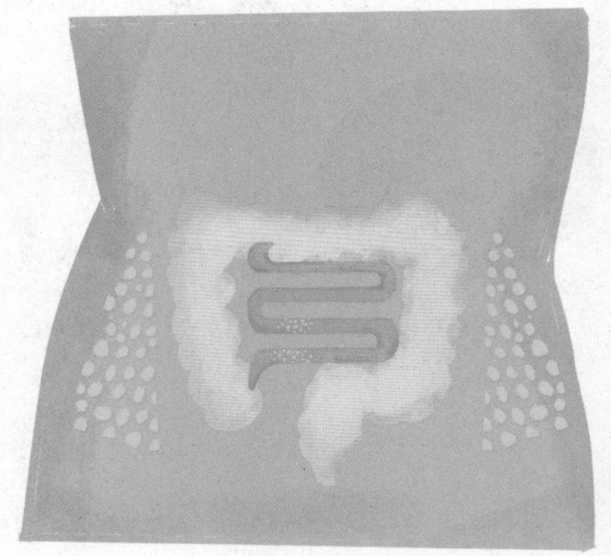

图 4.10
脂类的消化和吸收

糖类（carbohydrate）也被称为“碳水化合物”，存在于所有的谷物、蔬菜和水果中。糖类同样是重要的营养素，也是我们身体所需能量的主要来源。糖类的消化从口腔开始，在胃中几乎不消化，主要在小肠中被分解为单糖后完成吸收。在小肠中不能消化的部分，到了大肠经微生物发酵后可以再吸收（图 4.11）。

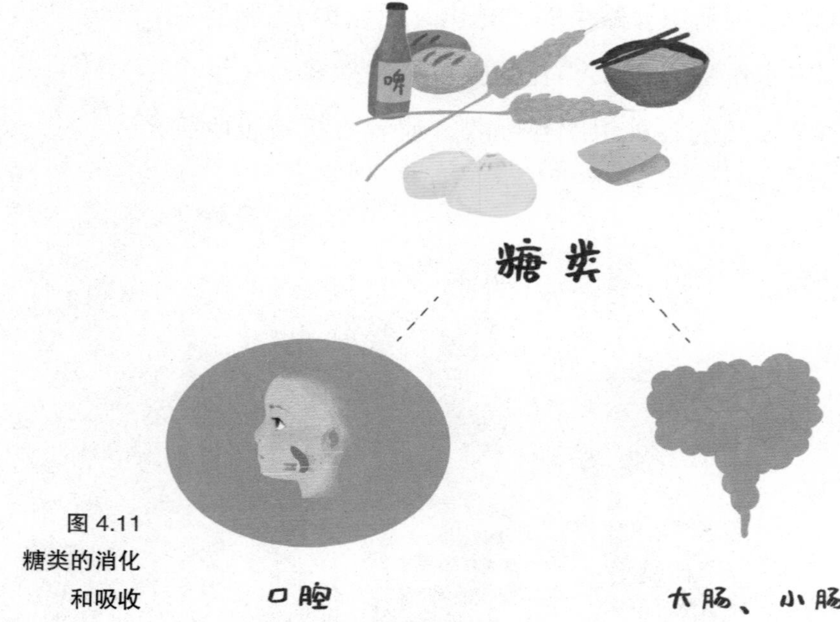

图 4.11 糖类的消化和吸收

第二节 免疫系统大作战

我们的免疫系统

免疫是我们很熟悉的一个词语，指的是人体的一种识别“自己”与“非己”的生理功能。这一功能由免疫系统完成。免疫系统就像一支精锐军队，24 小时昼夜不停地守护着我们的健康（图 4.12）。免疫系统包括免疫器官、免疫细胞和免疫分子。免

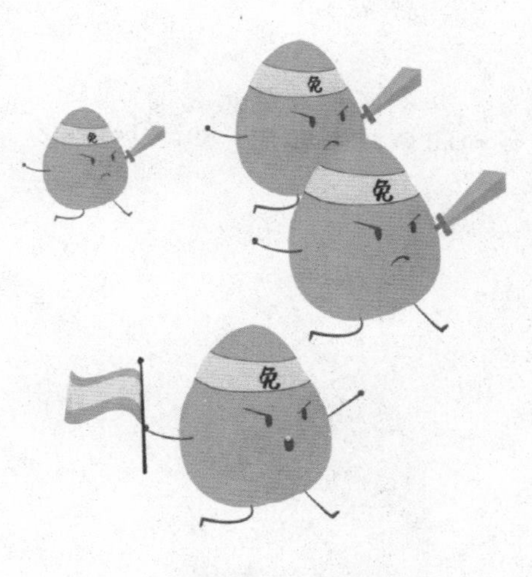

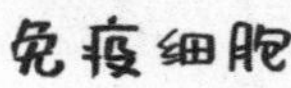

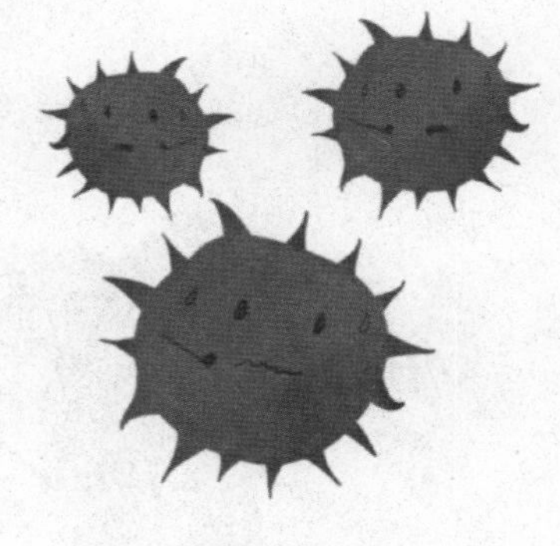

有害物

图 4.12
免疫系统与健康

疫器官相当于精锐军队的大本营，免疫细胞相当于军队中的士兵，免疫分子则相当于士兵手中的武器。免疫系统是我们长期适应外界环境而进化形成的，对维持我们的健康至关重要。

免疫器官通常包括中枢免疫器官和外周免疫器官。其中，中枢免疫器官主要包括骨髓和胸腺（图 4.13），外周免疫器官则主要包括脾脏、扁桃体、淋巴结、黏膜相关淋巴组织等（图 4.14）。

免疫细胞又包括哪些呢？我们通常把淋巴细胞、吞噬细胞、抗原递呈细胞等细胞归为免疫细胞。常见的 T 细胞、B 细胞和自然杀伤（NK）细

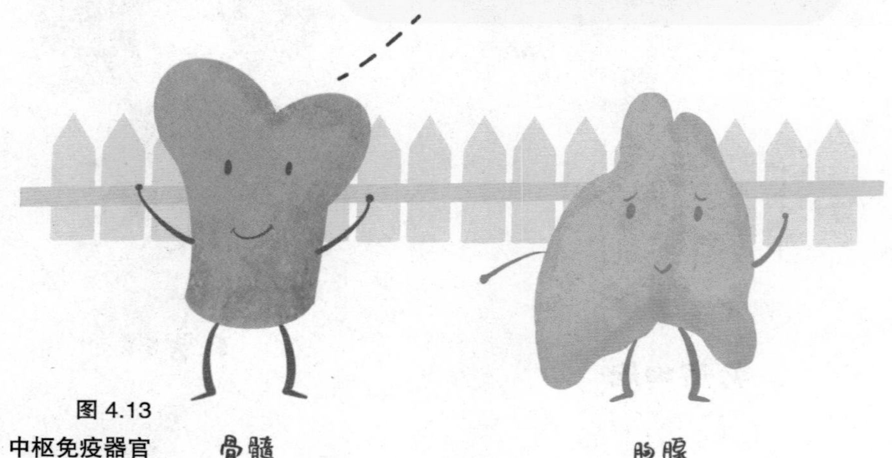

图 4.13
中枢免疫器官

图 4.14
外周免疫器官

胞均属于淋巴细胞，巨噬细胞、树突状细胞等则属于抗原递呈细胞。

免疫分子通常分为细胞膜上的免疫分子和体液中的免疫分子两类。其中，细胞膜上的免疫分子（图 4.15）包括 T 细胞抗原识别受体、B 细胞抗原识别受体、白细胞分化抗原等，而体液中的免疫分子则包括免疫球蛋白、补体、细胞因子等。

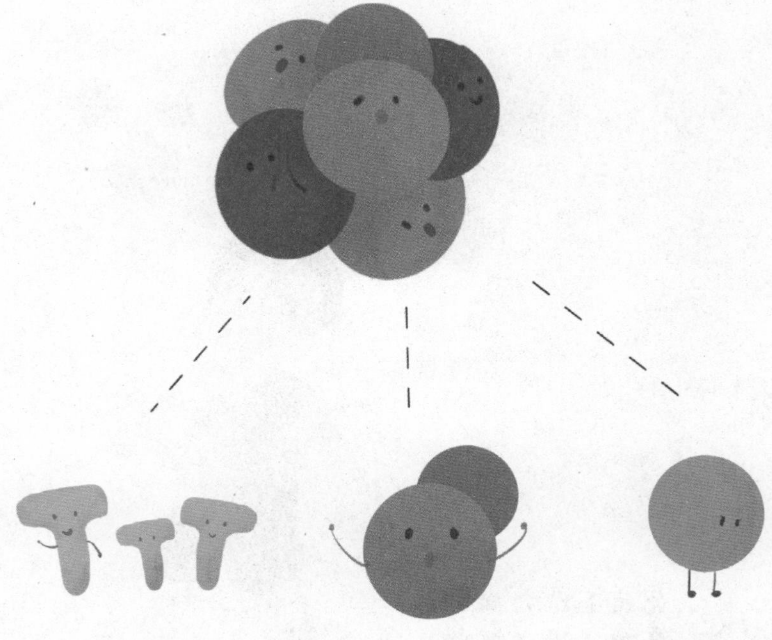

图 4.15
细胞膜上的免疫分子

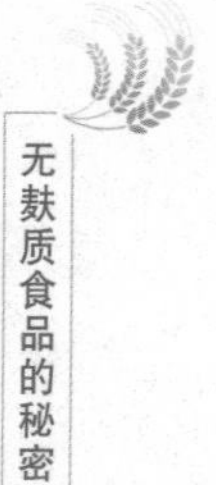

免疫系统的功能

通俗来讲，免疫系统具有监视、防御和稳定的作用，与我们身体中的其他系统相互协调，共同维持身体内环境稳定和生理平衡（图 4.16）。免疫监视，顾名思义，就是指我们身体的免疫系统及时识别、清除体内异常的突变细胞。免疫防御则是指免疫系统识别与清除外来入侵的“抗原”，如病原微生物及其毒素等。而免疫稳定是指免疫系统通过识别和清除体内的衰老细胞、死亡细胞或

图 4.16
免疫系统的功能

其他有害的成分，以维持身体内环境的稳定。

免疫系统有三道防线。第一道防线由我们的皮肤、黏膜及其分泌物构成，主要作用是阻挡病原体侵入我们的身体（图 4.17）。第二道防线是我们体液中的杀菌物质和吞噬细胞。以上这两道防线是我们在进化过程中逐渐建立起来的天然防御功能，人人都有，并不具有特异性，而且也不会针对某种特定的病原体，因此我们也称之为“非特异性免疫”或者“先天性免疫”。

第三道防线主要由免疫器官和免疫细胞组成，

图 4.17
免疫系统的
第一道防线

主要包括“体液免疫”和“细胞免疫”两大类。它们是我们的身体在出生后逐渐建立起来的后天的防御功能，特点是出生后才能产生，具有特异性，只针对某一种特定的病原体或异物起作用，因而又被称为“特异性免疫”或者“后天性免疫”。

抗原与抗体

日常生活中，我们经常会听到“抗原”和“抗体”这两个词汇。那么，抗原和抗体到底是什么呢？抗原通常是指能引起抗体生成的物质，是任何可诱发我们身体免疫反应的物质。而抗体是我们的身体在抗原物质刺激下，由 B 细胞分化的“浆细胞”所产生的、可与相应抗原发生特异性结合反应的免疫球蛋白（图 4.18）。

从结构和化学的角度来看，我们体内的所有抗体都是免疫球蛋白（immunoglobulin，Ig）。抗体根

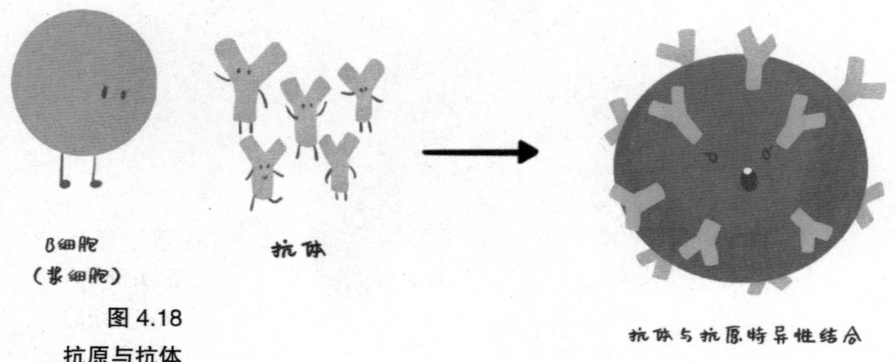

图 4.18
抗原与抗体

据功能和结构的差异，大体又可以分为5类，分别简称为IgG、IgA、IgE、IgD、IgM（图4.19）。其中，IgG是最主要的抗体。抗体的功能主要包括识别抗原并一对一匹配，刺激身体内的“补体系统”并使其活跃地发挥作用，增强免疫细胞作为士兵的战斗力等。

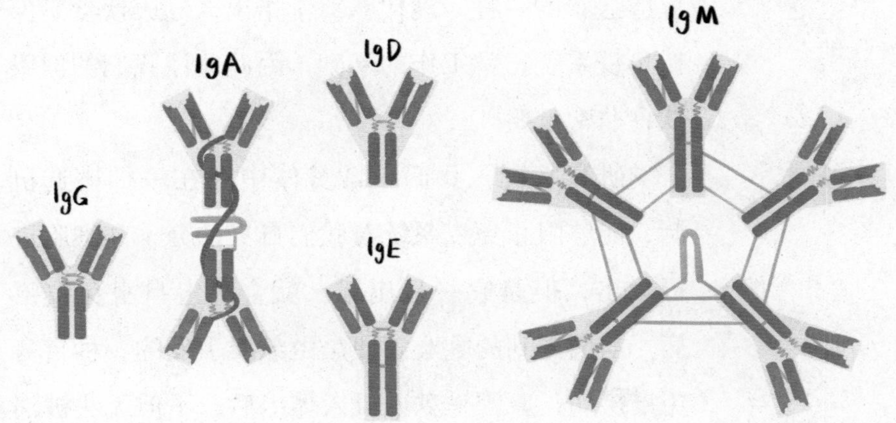

图4.19 抗体

我们以病原微生物为例。通常，当抗体识别匹配抗原并与病原微生物及其产物结合后，能够盖住和隔绝病原微生物和毒素的毒力结构，起到抵消毒素，以及阻止病原微生物损害我们身体组织的作用。此外，抗体与抗原结合后，分子空间结构改变，可以唤醒一种被叫作“补体”的蛋白质，最终使病原微生物溶解破碎。

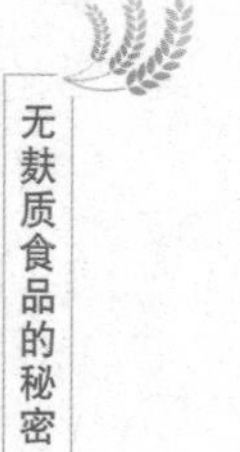

免疫系统失去平衡

当我们的免疫系统失去平衡时，疾病就会乘虚而入，产生“免疫缺陷疾病”“自身免疫病”以及“变态反应”等。我们熟悉的艾滋病（学名“获得性免疫缺陷综合征”），就是典型的因免疫系统失去平衡而带来的疾病。大家熟悉的“过敏”就是变态反应症状的一种。现代营养学指出，健康饮食是保持免疫系统正常工作的基础，因此关注我们的健康饮食非常重要。

研究发现，我们正常身体中存在一种挑选机制，能够阻止免疫系统对我们自身的分子和细胞进行攻击，但是它一旦出错，就会患上自身免疫疾病。前面提到的乳糜泻便是由麸质引发的一种自身免疫疾病，原因是麸质摄入体内后，不但无法被消化系统正常消化和吸收，而且还会使正常细胞被机体免疫系统攻击，破坏小肠壁内层绒毛（图 4.20），进而使机体出现腹胀、腹痛、腹泻等症状。

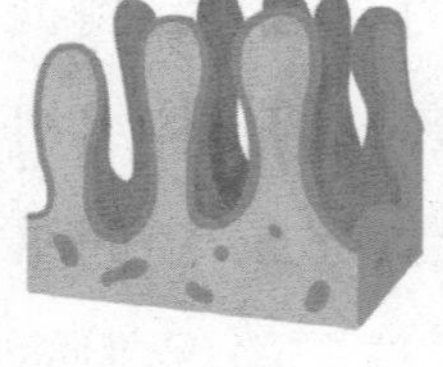

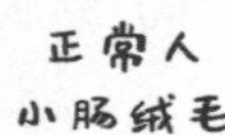

图 4.20
正常人与乳糜泻患者的小肠绒毛

第五章 探寻食品中的麸质

第一节 无麸质食品标准

任何产品都需要标准，没有标准，产品质量就无法得到保障。我们通常说的“标准”，一般包括国家标准、行业标准、地方标准、团体标准、企业标准等。市场上的无麸质食品等产品同样也需要有标准（图5.1）。在世界范围内，美国、澳大利亚、阿根廷，以及欧盟等国家与地区先后制定和颁布了麸质的相关标准。国际食品法典委员会

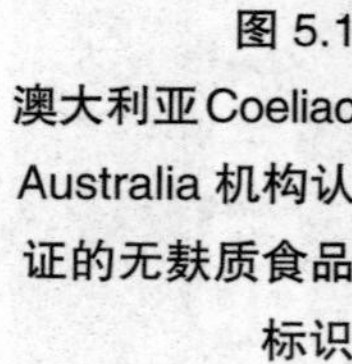

图 5.1 澳大利亚 Coeliac Australia 机构认证的无麸质食品标识

注：源自 Coeliac Australia 官方网站。

对麸质标识也做了相应的规定。这些标准和规定中对麸质的限量和检验不但做了建议，还提出了麸质的风险控制和标签、标识管理要求。

我国现有两个行业标准与麸质相关，分别是《出口预包装食品麸质致敏原成分风险控制及检验指南》（SN/T 4286–2015）和《出口食品过敏原成分检测 第 11 部分：实时荧光 PCR 方法检测麸质成分》（SN/T 1961.11–2013）（图 5.2）。由中国轻工业联合会提出，中国食品发酵工业研究院有限公司、大连弘润全谷物食品有限公司、大连弘润莲花食品有限公司、大连民族大学等单位共同参与编制的《无麸质食品》中国轻工业联合会团体标准（征求意见稿）已于 2021 年 10 月发布。截至目前，正式版本尚未发布。

我国麸质的相关行业标准

·《出口预包装食品麸质致敏原成分风险控制及检验指南》(SN/T 4286-2015)

·《出口食品过敏原成分检测 第11部分:实时荧光PCR方法检测麸质成分》(SN/T 1961.11-2013)

图 5.2
我国麸质的相关行业标准

第二节 麸质检测

检验和测定是产品质量和安全的保障，因此麸质的科学有效检测对无麸质食品和麸质不适应症患者具有重要的实用价值。针对食品中的麸质，相关的定量检测方法也已经开发出来，其中常用的方法主要包括聚合酶链式反应法（polymerase chain reaction，PCR）、质谱法、免疫印迹法，以及酶联免疫吸附测定法（enzyme linked immunosorbent assay，ELISA）。不同的方法有不同的特点。

PCR

这种方法（图 5.3）主要通过对食品中被叫作“脱氧核糖核酸”（deoxyribonucleic acid，DNA）的大分子序列进行鉴别，以确定是否含有麸质蛋白。

图 5.3　PCR

PCR 又可以分为免疫 PCR、竞争定量 PCR、实时荧光定量 PCR 等。尽管 PCR 检测的灵敏度很高，但这种方法每次只能检测某单一蛋白的 DNA，因此对分解后具有多种复杂蛋白的麸质的检测并不适用。

质谱法

质谱法需要用到质谱仪（图 5.4）。我们常常借助质谱仪完成生物大分子的检测和分析。如检测和测量食品中麸质的含量，我们就会用到一台被称

图 5.4 质谱仪

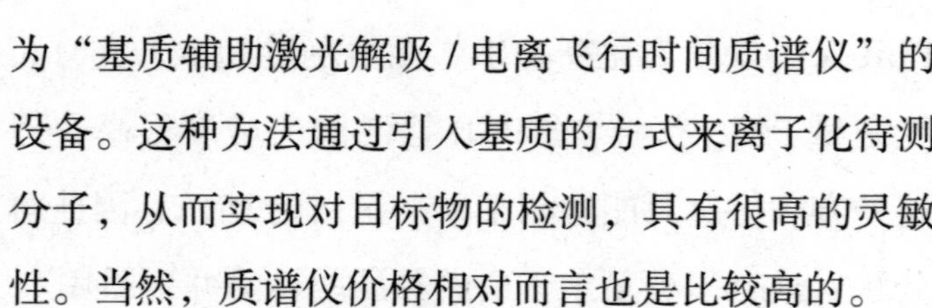

为“基质辅助激光解吸/电离飞行时间质谱仪”的设备。这种方法通过引入基质的方式来离子化待测分子，从而实现对目标物的检测，具有很高的灵敏性。当然，质谱仪价格相对而言也是比较高的。

免疫印迹法

蛋白质的检测经常会用到免疫印迹法（图5.5）。这一方法的基本原理是通过一对一匹配的抗体对经过“电泳”处理的蛋白质样品进行染色，再通过分析染色的位置和深度获得目标蛋白质在样品

图 5.5
免疫印迹法

中的信息。食品中麸质的检测同样也是根据麸质中含有的特殊蛋白质来实现的。

ELISA

ELISA 是在通过酶标记来检测抗原或抗体方法的基础上发展起来的。食品中麸质的 ELISA 检测也是依据麸质中含有的特殊抗体实现的。但与免疫印迹法不同的是，ELISA 根据酶的显色反应实现检测。由于酶的特性，ELISA 也就具备了灵敏度高、速度快的特点。目前，食品中麸质的检测就常常通过购买 ELISA 试剂盒（图 5.6）来完成。

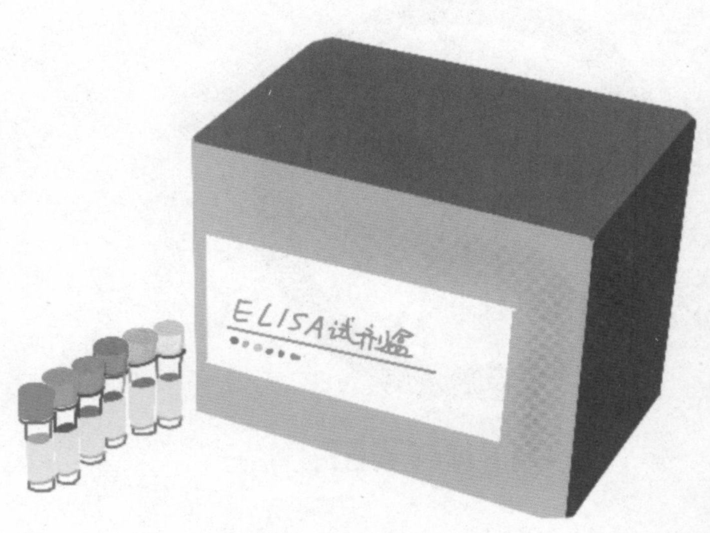

图 5.6　ELISA

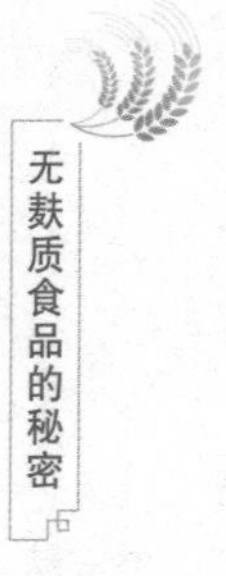

第三节　无麸质食品标识

食品的“标识”通常粘贴、印刷、标记在食品或者包装上，也是食品安全和质量控制的一项重要保障措施。同样，无麸质食品的标识（图 5.7）对麸质不适应症患者正确选择食品，避免因不了解食品配料误食而引发健康风险具有重要的现实意义。让我们一起来了解一下吧。

图 5.7
无麸质食品标识

美国

美国食品标识如果使用了“gluten free”“no gluten”或者“without gluten”等（图 5.8），但是麸质成分含量不符合“无麸质”的规定，将会被视为错误标识。含麸质食品标识也是有要求的，应采用通俗易懂的语言说明食品中所含的麸质过敏原成分，可以注明在配料表中，也可以在配料表后。

图 5.8
美国无麸质食品标识

欧盟

欧盟对无麸质食品（图 5.9）和麸质含量非常低的食品进行了区分。食品中麸质含量超过 20

毫克/千克但不超过100毫克/千克，标识“含微量麸质”。欧盟禁止在婴儿配方食品制作中使用含麸质的成分，因此这类产品上禁止标识“无麸质”和“含微量麸质”。

图5.9
欧盟无麸质食品标识

加拿大

加拿大规定任何人不能以任何虚假形式对食品进行标识，只有不包含小麦、大麦、黑麦等的食品，才能标识“无麸质食品”（图5.10）。法规要求食品中的所有过敏原和麸质来源都应公开标识，但是该法规不适用于由于相互污染而造成预包装产品中存在食品过敏原或麸质的情况，因此生产商可以自愿使用“可能含有”的声明。

图 5.10
加拿大无麸质食品标识

澳大利亚

澳大利亚规定无麸质食品（图 5.11）中不得含有可检测出的麸质成分、燕麦及其产品、被制成麦芽的含有麸质的谷类及其产品。麸质食品应在

图 5.11
澳大利亚无麸质食品标识

配料表中列出含有麸质的谷类等过敏原物质，但是啤酒和酒精饮料中的谷类及其制品不必标记。此外，澳大利亚还规定如果存在数种麸质等同类过敏原配料经常替换使用的情况，厂商可以选择任何一种标识。

主要参考文献

[1] ROSTAMI-NEJAD M. Gluten-Related Disorders: Diagnostic approaches, treatment pathways, and future perspectives [M]. London:Academic Press, 2021.

[2] SCHIEPTTI A, SANDERS D. Coeliac Disease and Gluten-Related Disorders [M]. London: Academic Press, 2021.

[3] FU L, CHERAYIL B J, SHI H, et al.Food Allergy: From Molecular Mechanisms to Control Strategies [M]. Singapore: Springer Nature, 2019.

[4] SAADI S, SAARI N, GHAZALI H M, et al. Gluten proteins: Enzymatic modification, functional and

therapeutic properties [J]. Journal of Proteomics. 2022, 251: 104395.

[5] CIACCHI L, REID H H, ROSSJOHN J. Structural bases of T cell antigen receptor recognition in celiac disease [J]. Current Opinion in Structural Biology, 2022, 74: 102349.

[6] JIMENEZ J, LOVERIDGE-LENZA B, HORVATH K. Celiac disease in children [J]. Pediatric Clinics of North America, 2021, 68: 1205–1219.

[7] THAKUR P, KUMAR K, DHALIWAL H S. Nutritional facts, bioactive components and processing aspects of pseudocereals: A comprehensive review [J]. Food Bioscience, 2021, 42: 101170.

[8] CHAUDHRY N A, JACOBS C, GREEN P H R, et al.All things gluten: A review [J]. Gastroenterology Clinics of North America, 2021, 50: 29–40.

[9] SUTER D A, BÉKÉS F. Who is to blame for the increasing prevalence of dietary sensitivity to wheat? [J]. Cereal Research Communications, 2021, 49: 1–19.

[10] KORI M, GOLDSTEIN S, HOFI L, et al. Adherence to glutenfree diet and follow-up of pediatric celiac disease patients, during childhood and after transition to adult care [J]. European Journal of Pediatrics, 2021, 180: 1817–1823.

[11] YILDIZ E, GOCMEN D. Use of almond flour and stevia in rice-based gluten-free cookie production [J]. Journal of Food Science and Technology, 2021, 58: 940–951.

[12] AL-SUNAID F F, AL-HOMIDI M M, AL-QAHTANI R M,et al.The influence of a gluten-free diet on health-related quality of life in individuals with celiac disease [J]. BMC Gastroenterol, 2021, 21: 330.

[13] SPARKS B, HILL I, EDIGER T. Going beyond gluten-free: a review of potential future therapies for celiac disease [J]. Current Treatment Options in Pediatrics, 2021, 7: 17-31.

[14] CABANILLAS B. Gluten-related disorders: celiac disease, wheat allergy, and nonceliac gluten sensitivity [J]. Critical reviews in food science and nutrition, 2020, 60: 2606-2621.

[15] MELINI V, MELINI F. Gluten-free diet: Gaps and needs for a healthier diet [J]. Nutrients, 2019, 11: 170.

[16] NEWBERRY C. The gluten-free diet: Use in digestive disease management [J]. Current Treatment Options in Gastroenterology, 2019, 17: 554-563.

[17] WANG C, LIN W, WANG Y, et al.Suppression of Hippo pathway by food allergen exacerbates intestinal epithelia instability and facilitates hypersensitivity [J]. Molecular Nutrition and Food Research, 2021, 65: 2000593.

[18] FU L, QIAN Y, ZHOU J, et al.Fluorescencebased quantitative platform for ultrasensitive food allergen detection:from immunoassays to DNA-sensors [J]. Comprehensive Reviews in Food Science and Food Safety, 2020, 19(6): 3343-3364.

[19] ZHANG Q, WANG Y, FU L. Dietary Advanced Glycation End-products: Perspectives linking food processing with health implications [J]. Comprehensive Reviews in Food Science and Food Safety, 2020, 19(5): 2559-2587.

[20] 王彦波，傅玲琳，柴艳兵. 食物过敏的奥秘 [M]. 北京：科学普及出版社，2020.

[21] 傅玲琳，李振兴. 食物过敏：现代理论与技术 [M]. 北京：中国科学技术出版社，2020.

[22] 贺稚非，车会莲，霍乃蕊. 食品免疫学：第2版 [M]. 北京：中国农业大学出版社，2018.

[23] 颜济，杨俊良. 小麦族生物系统学：第二卷 [M]. 北京：中国农业出版社，2004.

[24] 韩薇薇，郭晓娜，朱科学，等. 无麸质食品 [J]. 粮食与饲料工业，2013（2）：30-33.

[25] 郭丽云，宫晓丽，骆文静，等. 无麸质饼干原料及功能性添加成分的研究进展 [J]. 食品工业科技，2020，41（4）：348-355.

[26] 袁娟丽，蒋旭，胡帅，等. 乳糜泻研究进展 [J]. 食品安全质量检测学报，2015，6（11）：4510-4515.

[27] 高雨晴，路飞，刘月瑶，等. 无麸质食品加工研究进展 [J]. 农业科技与装备，2020（1）：68-70，73.

[28] 张宇，张豪，武文斌. 无麸质食品影响及现状分析 [J]. 粮食加工，2016，41（6）：13-16.

[29] 郑小锋，杨佳欣，周波，等. 无麸质饮食的研究进展 [J]. 食品安全质量检测学报，2020，11（12）：3760-3767.

[30] 胡雪洁，袁娟丽，陈红兵，等. 以麸质蛋白为靶向的乳糜泻治疗方法研究进展［J］. 食品安全质量检测学报，2019，10（7）：1751-1756.

[31] 徐廷文. 中国栽培大麦的起源与进化［J］. 遗传学报，1982，9（6）：440-446.

[32] 王红岩，曹际娟，胡冰，等. 食品功能组分对淀粉类食品升糖指数影响的研究进展［J］. 食品科技，2021，46（7）：250-254.

[33] 付文慧，饶欢，田阳，等. 无麸质食品现状及品质改良研究进展［J］. 粮食与油脂，2020，33（1）：9-11.

[34] 傅玲琳，王彦波. 食物过敏：从致敏机理到控制策略［J］. 食品科学，2021，42（19）：1-19.

[35] 张浩玉，张柯，张茜茜. 无麸质食品原料及开发现状［J］. 现代食品，2020（9）：17-20.

[36] 魏益民. 中国小麦的起源、传播及进化［J］. 麦类作物学报，2021，41（3）：305-309.